L'ORIGINE

DES ÊTRES VIVANTS

PAR

FELIX HÉMENT

ÉDITION UNIQUE ILLUSTRÉE DANS CE FORMAT

PARIS

LIBRAIRIE CLASSIQUE N. FAUVÉ ET F. NATHAN

18, RUE DE CONDÉ, 18

1882

L'ORIGINE

DES ÊTRES VIVANTS

OUVRAGES DU MÊME AUTEUR

FORMAT IN-12

FORMAT IN-8°

Ce livre est le développement d'une conférence faite pour la première fois, il y a environ quinze ans, à la salle de l'Athénée, au boulevard des Capucines, et depuis, dans les grandes villes de la Belgique et dans un grand nombre de villes de France.

PARIS. — IMPRIMERIE ÉMILE MARTINET, RUE MIGNON, 2.

L'ORIGINE

DES ÊTRES VIVANTS

PAR

FÉLIX HÉMENT

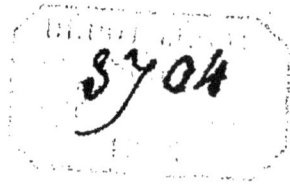
PARIS

LIBRAIRIE CLASSIQUE N. FAUVÉ ET F. NATHAN

18, RUE DE CONDÉ, 18

1882

Tout exemplaire de cet ouvrage non revêtu de notre griffe sera réputé contrefait.

N. Faure et F. Nathan

AVERTISSEMENT AUX PARENTS

Fénelon, un des premiers, a réclamé en faveur de l'éducation des filles, mais pourquoi faut-il que, sous l'empire de scrupules excessifs, Fénelon, qui démontre si bien la nécessité d'instruire les jeunes filles, demande « qu'on les retienne dans les bornes communes, et qu'on leur apprenne qu'il doit y avoir pour leur sexe une pudeur sur la science presque aussi délicate que celle qui inspire l'horreur du vice. »

L'abbé de Saint-Pierre, qui était loin de posséder le génie de Fénelon, a eu au moins le mérite de comprendre qu'il est indispensable de donner aux femmes un enseignement scientifique. Il veut « qu'on les instruise de toutes les sciences et de tous les arts qui peuvent entrer dans la conversation ordinaire..... Afin qu'elles puissent converser avec les hommes et s'intéresser aux questions qu'ils agitent ». Il dit avec raison : « ce sont les femmes qui font et défont les nations. Ce sont les femmes qui, plus que les maris, contribuent à la première éducation des enfants. »

De notre temps, nous avons entendu comme un écho de ces paroles, lorsqu'on a demandé pour la femme une instruction propre à resserrer les liens de la famille, car l'union dans le ménage ne résulte pas seulement de la communauté des intérêts et des sentiments, mais encore de la mise en commun des choses de l'esprit.

L'abbé de Saint-Pierre, malgré son caractère, n'a pas craint d'inscrire dans le programme des études de la jeune fille « un peu de connaissance de la machine animale. » Après les sarcasmes de Molière et les réserves de Fénelon, cela pouvait passer pour téméraire.

Aujourd'hui, on ne redoute plus d'instruire les femmes, de leur enseigner les sciences, voire même de leur donner des notions d'histoire naturelle. On suppose avec raison que, destinées à êtres mères et nourrices, la connaissance de l'hygiène leur est nécessaire. Mais si l'on a fait taire certains scrupules, il en reste d'autres qui doivent également disparaître, et qui ne concernent pas seulement les jeunes filles. On redoute à l'excès de satisfaire la curiosité des enfants sur certains sujets qu'on devine sans peine ; on craint de manquer au respect dû à leur innocence ou de blesser la pudeur. Encore, si on les laissait dans l'ignorance ! Mais on les trompe, et pour échapper à leurs questions embarrassantes, on invente des réponses puériles qui ne satisfont pas leur curiosité et par conséquent la surexcitent. On les trouble sans les contenter.

En traitant le sujet qui fait l'objet de ce volume, je ne me suis pas dissimulé les difficultés qu'il présente. Mais, d'une part, je crois avoir apporté, dans mon travail, la prudence et la mesure convenables, et, d'autre part, j'ai dit les choses simplement, gravement, sans périphrases et sans affectation, comme il convient quand on parle à des enfants. N'attribuons pas aux enfants une pudeur qu'ils n'ont pas, et qui résulte chez nous de la connaissance du mal. « Tout est sain aux sains. » Ils jouissent du précieux privilège de passer devant le mal sans le voir. On a dit du latin que dans les mots il brave l'honnêteté, — tout au plus, il brave la politesse — eh ! bien, pour l'enfant tout est latin dans les choses qu'il ne comprend pas. S'il comprenait, il serait déjà corrompu, et nos précautions tourneraient contre notre but et ne serviraient qu'à aiguiser une curiosité malsaine. Rien ne vaut en toute chose la simplicité et la franchise, surtout dans nos rapports avec les enfants. L'enfant possède des grâces d'état qui l'empêchent de connaître ce qui peut lui nuire. On parvient difficilement à

le corrompre ; on y met un art perfide et on n'y réussit qu'in-
complétement, témoin les actions malhonnêtes qu'on leur voit
accomplir naïvement et avec une sorte de candeur.

En résumé, nous ne pouvons rien contre la curiosité des
enfants ; « c'est un penchant naturel qui va au devant de l'instruction, » nous devons donc le satisfaire, non en apparence
mais en réalité. Or, il est impossible que la vérité ne soit pas
préférable à tout. N'allons pas, si vous le voulez, au devant de
leurs questions, ne les excitons pas, modérons même leur
appétit de connaissance dans les choses qui ne sont pas de
nécessité, soit, mais n'hésitons pas non plus à leur répondre,
sans embarras, sans crainte, sans fausse honte, sobrement et
simplement.

Autrefois, on pensait que la science avait quelque chose qui
ne convenait pas à la délicatesse féminine. On en est revenu.
Nous reconnaissons qu'il n'y a point d'autre mal dans les
choses que celui que nous y mettons, les choses n'étant par
elles-mêmes ni bonnes ni mauvaises. C'est un préjugé analogue
que nous espérons détruire, sans qu'on ait toutefois à nous
rappeler la maxime : *maxima debetur puero reverentia.*

F. H.

PARIS. — IMPRIMERIE ÉMILE MARTINET, RUE MIGNON, 2.

L'ORIGINE

DES ÊTRES VIVANTS

I. — ORIGINE DES ANIMAUX

« Tout animal vient d'un œuf, » disait Harvey, il y a environ deux siècles. Or, à cette époque, le fait énoncé par Harvey
n'avait pas encore été démontré d'une manière générale, mais
établi pour certains animaux seulement. Oui, tout animal vient
d'un œuf, il est vrai, mais tantôt l'œuf est pondu, comme il
arrive chez les oiseaux, les reptiles, tantôt il n'est pas pondu,
et le petit sort vivant des entrailles maternelles.

※

Il y a dans l'œuf des parties essentielles et des parties accessoires. Les premières existent dans tous les œufs, les parties
accessoires seules manquent dans les œufs d'un certain nombre
d'animaux. Qu'un œuf soit ou non enveloppé d'une coquille,
qu'il renferme ou non du blanc, cela importe peu, parce que
ni le blanc ni la coquille ne sont des parties essentielles, pas
plus que la corolle et le calice ne constituent la fleur dont elles
sont les enveloppes et la parure.

La diversité qu'on remarque dans la forme, dans la constitution physique, le nombre des parties, le mode d'éclosion,
ont contribué à égarer les premiers observateurs, et leur ont
fait imaginer des hypothèses pour expliquer la naissance d'a-

HARVEY[1].

nimaux dont le mode de génération ne semblait pas devoir
rentrer dans la règle générale.

1. Harvey, Guillaume, né à Folkstone, le 1er avril 1578, mort en 1658.
Il fut médecin de Charles Ier, roi d'Angleterre. Son plus beau titre de gloire est
la découverte de la circulation du sang qu'il fit vers 1613, découverte dont notre
illustre Descartes a fait un admirable résumé dans le *Discours sur la méthode.*

Aristote croyait à trois modes de génération, savoir : la génération *vivipare*, c'est-à-dire par des petits naissant vivants
et formés, la génération *ovipare* ou par des œufs, et enfin la

ARISTOTE[1].

génération *fortuite* ou *spontanée*, c'est-à-dire sans parents, la
matière se donnant la vie à elle-même. On sait aujourd'hui que
les petits vivants naissent d'un œuf intérieur comme les ovi-

1. Aristote, célèbre philosophe grec, élève et rival de Platon, né à Stagire (Macé-
doine) en 384 avant J. C., fut précepteur d'Alexandre et fondateur de l'école dite
péripatéticienne, parce que l'enseignement était donné pendant les promenades.

pares, et que les animaux qui paraissent naître spontanément sortent également d'un œuf. Tout animal vient donc d'un œuf.

On sait en outre que tous les œufs présentent au début la même apparence, et que les premières modifications qui s'y produisent sont les mêmes pour tous les œufs.

₪❮❯

Il importe donc dans ce qui va suivre de bien connaître l'œuf, et tout naturellement il convient d'étudier l'œuf complet qui comprend les parties indispensables et les parties accessoires. C'est donc celui de l'oiseau, et en particulier l'œuf de la poule, que nous allons décrire avant d'examiner les œufs incomplets, c'est-à-dire ceux auxquels manquent certaines parties accessoires.

CE QU'IL Y A DANS UN ŒUF.

Tout le monde a vu et mangé des œufs. C'est un des aliments le plus généralement goûtés, et en même temps celui dont la préparation est la plus facile et la plus rapide. Mais si scrupuleux qu'on soit dans l'examen des aliments, chacun n'a vu dans un œuf que du blanc et du jaune en dehors de la coquille qui renferme le tout.

Le jaune ou *vitellus* a la forme d'une boule ou sphère, qui s'aplatit légèrement sur le plat où l'on verse l'œuf après en avoir brisé la coquille. Il est composé d'une matière à demi liquide, onctueuse, filante et gluante. Si, avant de l'ouvrir, on plonge l'œuf dans l'eau bouillante, et qu'on l'y laisse pendant quelques minutes, le jaune se solidifie en place et garde sa forme naturelle : il est sphérique.

UNE FAMILLE DE COLIBRIS.

Ce globe jaune est enveloppé d'une matière fluide blanchâtre, translucide, qui glisse lorsqu'on cherche à la saisir, et qui dans l'œuf *dur* devient solide, opaque, d'un blanc mat et vitreux. C'est le blanc de l'œuf, l'*albumen*.

Le jaune, le blanc et la coquille, telles sont les parties de l'œuf connues de tout le monde.

PREMIER EXAMEN DE L'ŒUF.

1. — La forme.

Les œufs sont de formes variées ; toutefois la forme des œufs d'oiseaux est le plus souvent semblable à celle de l'œuf de la poule. Symétrique dans le sens de la longueur seulement, on y distingue un gros et un petit bout. La courbe que présente la coquille coupée par le milieu dans le sens de la longueur, tire son nom de celui de l'œuf : on la nomme

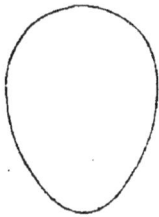 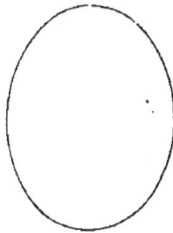

OVALE.　　　　ELLIPSE.

ovale. Il ne faut pas, comme on le fait ordinairement, la confondre avec l'ellipse, qui est une courbe régulière et géométrique. Celle-ci n'a pas la légèreté, la grâce et l'élégance que l'ovale doit précisément à son défaut de symétrie et de régularité.

Quelques œufs, même parmi ceux de poule, ne sont pas ovales : il en est de plus ou moins oblongs et se rapprochant de l'ellipsoïde ; celui de la bécasse est ovoïconique ; celui du grèbe est sensiblement ellipsoïdal. Les œufs de grenouille et de poisson sont généralement sphériques.

2. — La grandeur.

La grandeur de l'œuf est généralement proportionnée à celle de l'oiseau. Les œufs de colibri sont de la grosseur d'un petit pois. Ces œufs, au nombre de deux, sont disposés dans un nid de la grandeur d'une coquille de noix, tissé avec du lichen et de la mousse, et garni intérieurement avec du coton.

1 œuf d'oiseau-mouche. — 2, œuf de poule. — 3, œuf d'autruche. — 4, œuf d'épiornis.

La mignonne et frêle corbeille est suspendue par quelques fils à la branche d'un rosier ou à la feuille d'un aloès.

L'oiseau lui-même est une miniature d'oiseau ; une pincée de plumes brillantes sur un corps d'insecte. « Il est toujours en l'air, volant de fleurs en fleurs ; il a leur fraîcheur et leur éclat. »

Les œufs du moineau et de la plupart des oiseaux chanteurs sont de la grosseur d'une olive ; ceux du pigeon sont un peu plus petits que ceux de la poule, et ceux de la dinde notablement plus grands.

La poule ne fait pas de nid pour y déposer ses œufs ; elle pond par terre ou dans un panier qu'on dispose à cet effet. Pendant dix mois de l'année, elle en donne un et quelquefois deux par jour; l'hiver venu, elle cesse de pondre. La ponte recommence au printemps.

L'œuf d'autruche est actuellement le plus grand des œufs; il mesure environ quinze centimètres dans le sens de la longueur, sur douze de large. Le plus grand des œufs provient

LA POULE.

du plus grand des oiseaux. La taille de l'autruche dépasse celle d'un homme; ses ailes sont petites et ses jambes très longues et très fortes. Sa course est citée parmi les plus rapides, si rapide que tandis qu'elle court on ne distingue pas plus ses jambes que les rayons d'une roue qui tourne rapidement. Les jambes ne sont pas seulement pour elle un moyen de locomotion; elle s'en sert encore avec succès pour se défendre.

Il n'y a pas longtemps encore que vivait à Madagascar un oiseau, l'épiornis, dont les œufs étaient six fois plus grands en volume que ceux de l'autruche. Trois de ces œufs furent

L'AUTRÚCHE.

envoyés en Europe, mais deux seulement parvinrent intacts. Ils mesuraient l'un 84, l'autre 85 centimètres de tour dans leur plus grande dimension; leur capacité était d'environ neuf litres. On peut juger par là de la taille de l'oiseau. Le dinornis représenté ci-contre, et qui n'avait pas moins de quatre mètres de haut, était notablement plus petit que l'épiornis.

On a calculé que l'œuf de poule équivaut à 80 œufs d'oiseau-mouche; celui de l'autruche, à 2000 de ces mêmes œufs ou à 25 œufs de poule; celui de l'épiornis, à 12000 œufs d'oiseau-mouche.

3. — La couleur.

La couleur des œufs varie selon qu'ils sont pondus dans un endroit abrité ou en plein air. Ceux des espèces domestiques sont blancs comme l'œuf de poule, ou d'une teinte uniforme comme l'œuf de cane, qui est plus ou moins verdâtre. Les œufs de serin sont d'un blanc azuré et légèrement pointillé; ceux de perdrix, d'un gris jaunâtre ou rougeâtre; ceux de pinson, d'un blanc bleuâtre tacheté de rouge brique.

4. — Le poids.

Le poids varie tout naturellement avec la grandeur, puisque la composition est la même, non seulement chez les divers oiseaux, mais pour un même oiseau. Ainsi le poids de l'œuf de poule varie de 53 grammes à 72 grammes. Le poids moyen est donc de 62 grammes. Buffon l'avait trouvé plus faible. S'il n'a pas commis d'erreur, on pourrait en conclure que la domesticité et les soins contribuent à l'accroissement de l'œuf dans une certaine mesure. Sur les 72 grammes, la coquille entre pour 7 grammes, le jaune pour 20, le blanc pour 45.

Ce n'est pas seulement une augmentation de poids, c'est aussi une amélioration : la quantité de blanc étant sensiblement la même dans les œufs petits ou grands d'une même

LE DINORNIS.

espèce, tandis que le jaune est plus abondant et la coquille plus mince dans les gros œufs. Quant à celui d'autruche, il pèse environ 1 kilogramme et demi.

5. — Le nombre.

Le nombre des œufs varie pour chaque espèce d'oiseaux; l'aigle en pond un ou deux, l'autruche une quinzaine, la mésange de quinze à vingt, certains oiseaux en pondent jusqu'à vingt-quatre.

Les rapaces, qui sont les carnassiers parmi les oiseaux, pondent un petit nombre d'œufs; les mammifères carnassiers, on le sait, ont aussi un ou deux petits seulement. Les petites espèces inoffensives forment au contraire les familles les plus nombreuses.

DESCRIPTION PLUS DÉTAILLÉE D'UN ŒUF DE POULE.

Poursuivons notre examen de l'œuf de la poule.

Brisons le gros bout d'un œuf en pratiquant, à l'aide d'un couteau, un entaille circulaire et transversale sur la coquille, nous pourrons détacher une portion de la coquille que sa forme a fait désigner sous le nom de *calotte*. Cette forme rappelle en effet celle de la calotte dont certaines personnes font usage pour couvrir le sommet de la tête. Si l'œuf était sphérique, la calotte se nommerait *calotte sphérique;* celle que nous venons d'obtenir n'en diffère pas sensiblement.

I — Parties accessoires.

La coquille. — Aspect. — Composition. — Dimensions.

Examinons la coquille : elle est blanche, légère, poreuse, fragile. L'épaisseur de celle de l'œuf de poule est environ de un demi-millimètre. Plus épaisse pour les petits œufs d'un même oiseau que pour les gros, elle est formée en grande partie de la même matière que la craie et le marbre. C'est du *carbonate de chaux*, comme disent les chimistes. Cette dénomination offre le précieux avantage de faire connaître les éléments qui composent la matière de la coquille. Ce n'est pas seulement un nom, c'est une définition.

Il suffit de laisser tomber quelques gouttes d'un acide sur un fragment de carbonate de chaux pour voir se produire, aux points attaqués par le liquide, une sorte de bouillonnement, ou d'effervescence, pour parler la langue des savants. Cette agitation tumultueuse résulte du dégagement de myriades de petites bulles gazeuses qui sortent de la craie ou du marbre, enveloppées chacune d'une fine pellicule liquide comme autant de petits ballons. Leur ensemble forme une mousse de tous points semblable à celle qui s'échappe des vins mousseux et des eaux gazeuses. Le gaz qui se dégage ainsi, est l'*acide carbonique*. Il est chassé par l'acide qui a pris sa place; le carbonate de chaux a été décomposé, et un nouveau corps s'est formé: du sulfate de chaux, si l'on a versé de l'acide sulfurique.

Il y a donc de l'acide carbonique dans le carbonate de chaux, craie, marbre ou coquille, et le mot carbonate le rappelle. Les mots carbonate de chaux nous apprennent que la substance qui porte ce nom est une combinaison ou un composé d'acide carbonique et de chaux.

Nous pourrions aller plus avant et montrer dans l'acide carbonique la présence du carbone et de l'oxygène; dans la chaux, celle de l'oxygène et du calcium, et établir ainsi que le carbonate de chaux résulte de l'union ou de la combinaison de deux corps doubles, ou de deux composés binaires.

Outre le carbonate de chaux, la coquille renferme une petite quantité de substances animales.

La chambre à air.

Dans la partie de l'œuf qui répond à peu près à la calotte enlevée, — il s'agit toujours de l'œuf de poule, — est un petit espace contenant de l'air, et nommé pour cette raison *chambre à air*. L'œuf n'est donc pas complètement rempli par le jaune et le blanc. C'est ce dont on s'aperçoit facilement lorsqu'on mange des œufs à la coque.

La membrane coquillière.

A l'intérieur, la coquille est tapissée par une pellicule très mince, la *membrane coquillière*. Vous la verrez nettement en détachant avec précaution le fragment de la coquille. Elle se dédouble en deux feuillets ou membranes minces qui se séparent dans la chambre à air.

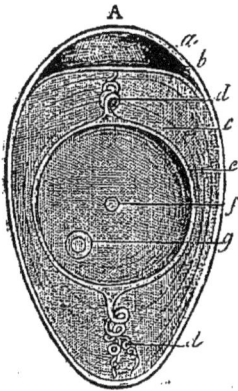

ŒUF DE POULE AVANT
L'INCUBATION.

a, coquille. — *b*, chambre à air. — *c*, blanc ou albumen. — *d,d*, chalazes. — *e*, membrane vitelline. — *f*, vésicule germinative. — *g*, cicatricule.

Autres membranes.

Vient ensuite une nouvelle membrane qui enveloppe le blanc à l'extérieur, puis une autre qui le recouvre à l'intérieur, dans la partie où le blanc et le jaune se trouvent en contact. Cette seconde membrane séparant le blanc du jaune, le blanc est donc compris entre deux membranes. Le jaune à son tour est renfermé dans une membrane qui l'enveloppe comme un sac. Vient-on à déchirer la membrane avec la fourchette, lorsque l'œuf est sur le plat, le jaune se répand comme le contenu d'un sac, lorsque ce dernier cède et se rompt.

Chalazes.

Les parties glaireuses du blanc, qu'on saisit difficilement à l'aide de la fourchette parce qu'elles glissent entre les dents, sont précisément les prolongements de la membrane interne du blanc qui s'unissent à la membrane externe. Elles ressemblent à deux cordons tordus en sens inverse ; on les nomme les *chalazes*. Ils sont placés à peu près dans l'axe de l'œuf, de part et d'autre du jaune, qui se trouve suspendu comme dans un hamac.

II. — Parties essentielles.

Cicatricule. — Vésicule germinative. — Tache germinative.

En un point de la surface du jaune, on peut voir une tache ronde, de couleur jaune clair : c'est la *cicatricule*. Au milieu de la cicatricule est un globule blanchâtre : c'est la *vésicule germinative*, dont le centre est occupé par un autre globule plus petit qu'on nomme la *tache germinative*. La tache et la vésicule peuvent être comparées à un fruit et à son noyau. Une petite cavité arrondie qui occupe le centre du jaune communique avec la vésicule par un étroit canal rectiligne. La cavité et le canal sont remplis d'un liquide de couleur claire.

OU SE FORMENT LES DIVERSES PARTIES DE L'ŒUF.

L'œuf n'est pas formé de toutes pièces en un point déterminé du corps de la poule. Il apparaît d'abord sous la forme d'une petite masse globulaire, imperceptible à l'œil nu, dans une partie intérieure du corps nommée *ovaire*. C'est alors l'*ovule*. Il est enveloppé d'une très petite quantité de matière à demi fluide. Ce globule microscopique grossit de plus en plus, devient visible à l'œil nu, et continue à grossir jusqu'à ce qu'il ait trois centimètres environ de diamètre, c'est-à-dire les dimensions du jaune de l'œuf.

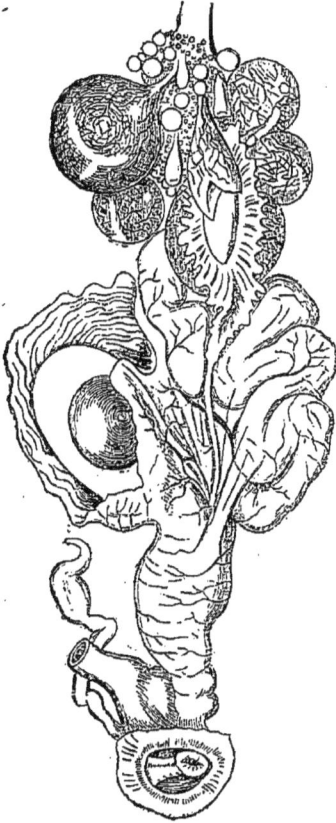

On peut voir, à l'intérieur du corps d'une poule pondeuse, une grappe de jaunes de toutes les dimensions, disposés par ordre de grosseur, depuis ceux qui ne sont visibles qu'au microscope, jusqu'à ceux qui ont atteint la limite de grandeur et qui se trouvent tout naturellement les plus rapprochés de l'ouverture de sortie.

OVAIRE ET OVIDUCTE AVEC DES OVULES ET DES ŒUFS A DIFFÉRENTS DEGRÉS DE DÉVELOPPEMENT.

Les plus petits sont blanchâtres ou peu colorés; à mesure qu'ils grandissent, leur teinte prend de plus en plus la couleur caractéristique jaune orangé bien connue.

La ponte.

Au moment où la ponte va s'accomplir, le jaune porteur du germe, parvenu à sa grosseur définitive, se détache de la paroi à laquelle il est fixé et pénètre dans le conduit des œufs ou *oviducte*. Il roule lentement comme une boule, en se dirigeant vers l'ouverture de sortie, sous l'influence des contractions du conduit. En même temps qu'il s'avance, il s'enveloppe de couches de blanc, sécrétées par les parois de l'oviducte, et qui, d'abord épaisses, sont de plus en plus diluées, de sorte que la partie la plus dense touche le jaune. En tournant, il détermine la torsion du blanc et forme ainsi les chalazes; bientôt, la membrane coquillière recouvre le tout; enfin, dans la partie du canal voisine de la sortie, la coquille se forme, et l'œuf, ainsi complété, est pondu, la pointe en avant.

La poule ne trouve pas toujours à sa portée les éléments nécessaires à la formation de la coquille; elle pond alors des œufs dont la coquille est très mince ou même des œufs sans coquille, et qu'on nomme œufs *hardés*. Les oiseaux en liberté trouvent aisément ce qui manque quelquefois à nos espèces domestiques.

La coquille.

Toutes les précautions sont prises pour que le germe n'ait à souffrir ni des chocs ni des intempéries. La coquille est le mur de sa maison, mais c'est un mur poreux, à travers lequel peuvent passer les gaz, qu'ils viennent du dehors pour se rendre au dedans, ou inversement. Il doit se faire un échange de gaz à travers la coquille, et cet échange est si nécessaire qu'un œuf dont on rend la coquille imperméable est arrêté dans son développement. Les transformations qui s'opèrent à l'intérieur de l'œuf ne sont pas indépendantes de l'atmosphère dans laquelle il est plongé, et d'ailleurs, dès que les premiers rudiments de l'oiseau se montrent, il remplit des fonctions semblables à celles qu'il remplira à sa sortie de l'œuf. Les moyens seuls diffèrent.

La coquille ne se refroidit pas aisément lorsqu'elle a été chauffée; elle *conduit* mal la chaleur, selon l'expression usitée chez les physiciens. La coquille est donc tout à la fois un vêtement et un abri pour le jeune animal; de la sorte, celui-ci n'aura pas à souffrir des variations brusques de la température.

La membrane coquillière.

La membrane coquillière qui tapisse intérieurement la coquille est pour ainsi dire une tenture collée au mur; elle empêche l'évaporation trop rapide des liquides intérieurs à

travers la coque, elle consolide cette dernière et contribue
aussi à empêcher le refroidissement.

Les chalazes.

Les chalazes, qui maintiennent le jaune suspendu, sont disposées de telle sorte que la ligne qui les joint ne passe pas par
le milieu du jaune. Le jaune se trouve ainsi partagé en deux
parties inégales dont la plus grande, et partant la plus lourde,
se trouve naturellement tournée vers le bas d'après les lois de
l'équilibre. Quelque position qu'on donne à l'œuf, les chalazes
se tordent ou se détordent, de manière que la moins grande
des deux parties du jaune occupe toujours la partie supérieure.
La cicatricule se trouve ainsi toujours ramenée vers le haut,
immédiatement au-dessous de la couveuse dont la chaleur lui
arrive directement, et, dans tous les cas, le plus loin possible
du point du sol sur lequel l'œuf est posé.

Le germe, le jaune et le blanc.

La cicatricule est le germe du nouvel oiseau ; le blanc et le
jaune, — le jaune surtout, — sont des provisions de nourriture nécessaires pour assurer son développement et l'amener
au degré où il pourra se nourrir tout seul. Le futur oiseau
trouve dans l'œuf tout ce qui est nécessaire à son alimentation, de même que le nourrisson le trouve dans le lait.
L'œuf et le lait contiennent à fort peu près les mêmes
éléments : la forme, la couleur, en un mot les propriétés
physiques, diffèrent seules. Dans l'un et dans l'autre doivent
se trouver les éléments dont se compose le corps d'un animal,
c'est-à-dire ce qui entre dans la composition des muscles,
des nerfs et du sang.

Le petit mammifère n'a nul besoin de ces provisions : dans le sein de sa mère, il ne fait qu'un avec elle, il y vit comme le bourgeon sur l'arbre ; et, au dehors, lorsqu'il vient de naître, c'est encore d'elle qu'il tire sa subsistance sous forme de lait. Aussi l'œuf du mammifère paraît-il très petit lorsqu'on le compare à l'œuf des ovipares sans distinguer l'essentiel de l'accessoire. La petite quantité de jaune est tout juste ce qui est nécessaire au premier développement du germe. Nul besoin non plus d'une coquille protectrice.

DÉVELOPPEMENT DE L'ŒUF.

Les conditions du développement.

Si l'œuf est abandonné à lui-même, et si la température ne descend pas au-dessous de 28 degrés, certains changements s'y produiront et on pourrait croire que la matière va s'organiser, mais bientôt le mouvement vital s'arrêtera et les matières entreront en décomposition.

Dès le début de la décomposition se dégage ce gaz nauséabond et méphitique, caractéristique des œufs qui ne sont pas *frais*, et qu'on nomme *sulfure d'hydrogène* ou *acide sulfhydrique*. Ce nom rappelle que le soufre et l'hydrogène entrent dans la composition des œufs. On sait que les cuillers et les fourchettes d'argent ou argentées noircissent rapidement au contact des œufs. Le corps noir (sulfure d'argent) qui se forme résulte de la combinaison du soufre des œufs avec l'argent des ustensiles; chaque nettoyage, en enlevant le sulfure d'argent, enlève du même coup une certaine quantité d'argent.

※

L'œuf est-il soumis à une température assez basse pour que le germe ne puisse pas se développer ni la décomposition se produire, on le conservera pendant un temps assez long sans qu'il perde sa *fraîcheur*.

Enfin, si l'on veut que le germe se développe, une température douce et uniforme est nécessaire, celle de la poule par exemple. Elle s'accroupit sur ses œufs et leur communique une température de 40 degrés environ. La poule n'est pas d'ailleurs indispensable pour l'incubation ; la chaleur seule est nécessaire. Aussi l'incubation est-elle possible, en maintenant les œufs à une température constante, égale à celle du corps de la poule, dans des appareils nommés couveuses artificielles.

Donnez un certain nombre d'œufs à couver à une poule ou faites-les couver artificiellement, puis, chaque jour, ouvrez un de ces œufs, de manière à suivre le travail qui s'accomplit du premier jour au vingt et unième qui est celui de l'éclosion : vous verrez les provisions diminuer chaque jour et en même temps le germe prendre figure et grandir. Chaque œuf révèlera un nouveau progrès. Bien que les métamorphoses successives aient été constatées sur vingt et un œufs, c'est l'évolution d'un seul œuf que vous aurez ainsi observée.

Marche du développement.

Quel que soit le mode d'incubation, naturelle ou artificielle, le développement du germe suit la même marche, passe par les mêmes phases. Dans l'ovule microscopique on ne distingue que quelques granulations. Rien ne saurait alors faire soupçonner les futures destinées de cet atome vivant, dont l'origine en apparence si modeste semble peu en rapport avec l'être dans lequel il se métamorphosera. Mais déjà les éléments minéraux se rassemblent, se combinent, comme s'ils obéissaient à un ordre, comme s'ils étaient soumis à une direction.

Bientôt apparaît l'ébauche de l'être : en quelques traits, ainsi que par un artiste, les contours du corps et des organes ont été fixés, la place de ces derniers marquée. On ne distingue encore rien dans cette masse composée de cellules, tandis qu'en réalité un dessin invisible y est déjà tracé. Ainsi que le paysage enveloppé par les brouillards du matin se découvre à mesure que le soleil s'élève et dissipe les vapeurs, de même, du sein de cette masse confuse se dégage tout l'appareil de la

J.-B. DUMAS
Secrétaire perpétuel de l'Académie des sciences,
de l'Académie française.

vie. Chaque organe a d'avance sa place désignée, où il naît en quelque sorte, avec sa forme, sa grandeur, sa structure et ses propriétés ; les vaisseaux, les nerfs, les muscles, les os surgissent comme par enchantement : on dirait le monde naissant se dégageant du chaos.

Premiers changements.

Voyons les choses de plus près ; observons-les au microscope : les premiers changements qui surviennent consistent
dans le fractionnement de la cicatricule. On voit cette petite

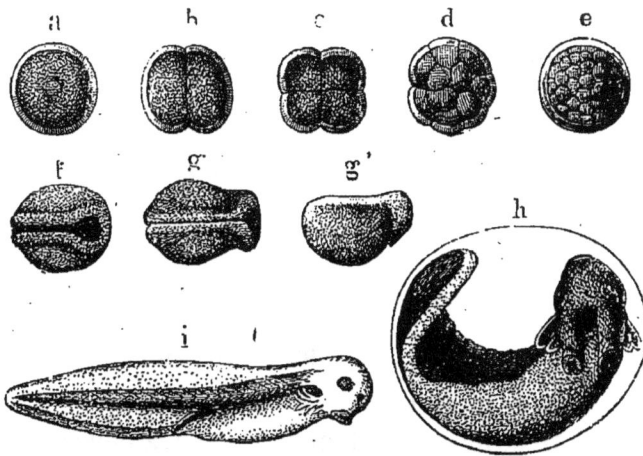

DÉVELOPPEMENT DE L'ŒUF DE GRENOUILLE.

a, œuf avant le fractionnement. — *b, c, d, e*, fractionnements successifs. — *f, g*, formes
successives de l'embryon vu en dessus. — *g'*, le même vu de profil. — *h*, le même plus
avancé. — *i*, le même au sortir de l'œuf ou le têtard.

partie du jaune se partager en deux parties, sensiblement
rondes, puis chacune de celles-ci en deux autres, et ainsi de
suite, de sorte qu'au bout d'un certain temps, cette partie de
jaune est devenue une agglomération d'un nombre considérable de globules ou de *cellules*.

Les choses se passent ainsi pour les œufs de tous les animaux. Pour tous, les premiers changements sont les mêmes.
Voilà ce que virent pour la première fois MM. Prévost et
Dumas, dans l'œuf de la grenouille. Avant cette découverte on
supposait que le germe d'un animal était un animal sem-

blable mais infiniment petit. La taille seule faisait la différence. Le germe d'un cheval était un cheval microscopique;
celui de la poule, une poule microscopique. Dès lors ce germe
n'avait qu'à grandir, sans se transformer, pour devenir semblable à ses parents. Il grandissait d'abord dans l'œuf, puis
hors de l'œuf. Ce qui se passait au dehors était la continuation
de ce qui s'était passé au dedans. La première partie de la
croissance était invisible, la seconde, visible. (*Évolution*.) On
voit combien cette hypothèse était loin de la vérité; les premiers phénomènes diffèrent essentiellement de ceux qui
suivent, surtout au début. (*Epigénèse*.) Mais le fait le plus
remarquable, c'est que le point de départ est commun à tous
les animaux.

Voyons maintenant le travail dans l'œuf de poule.

La membrane créatrice.

Lorsque le fractionnement de la cicatricule est terminé, on
voit se former à la suite une membrane d'abord ronde, puis
sensiblement elliptique, blanchâtre et transparente. C'est le
blastoderme. Appliquée contre le jaune, elle se moule sur lui
et prend la forme d'une calotte légèrement creuse ou d'un
bouclier. La tache transparente s'entoure ensuite d'une zone
obscure, et forme avec elle une sorte de cocarde qu'on nomme
halo par analogie avec les cercles lumineux de même nom qui
entourent parfois la lune. En même temps la membrane se
dédouble en deux feuillets non séparés, l'un extérieur et
enveloppant, l'autre intérieur et enveloppé. Puis, dans la
zone obscure apparaissent les vaisseaux sanguins qui sont
peut-être fournis par un troisième feuillet.

Chaque feuillet a son rôle propre : sur le feuillet extérieur
naîtront les membres et les organes des sens. La place des
ailes, des pattes, du bec, des yeux, des oreilles s'y trouve
marquée. C'est le feuillet de la vie animale. Sur le feuillet

interne se formeront l'estomac, les intestins, le cœur, les
poumons, etc., en un mot, les organes de la vie du corps ou
de la vie végétative.

ᴥ

La forme du germe va devenir de plus en plus caractéristique. On ne saurait comparer le travail qui s'accomplit à une
construction qui s'élève et dans laquelle les divers étages
sont superposés, car l'animal ne se forme pas de parties
successives et juxtaposées. C'est une suite de métamorphoses
qui s'opèrent sur place comme si un principe caché dirigeait
tous les mouvements et marquait à chaque organe la place
qu'il doit occuper. Le germe n'emprunte du dehors que les
matériaux pour opérer ces changements; la direction est de
lui-même, de son propre fond, de sa propre force.

Au bout de douze heures d'incubation, un sillon blanc
apparaît sur le germe, c'est la *ligne primitive*, l'axe ou le
milieu de l'animal. Le système nerveux va se montrer. Le

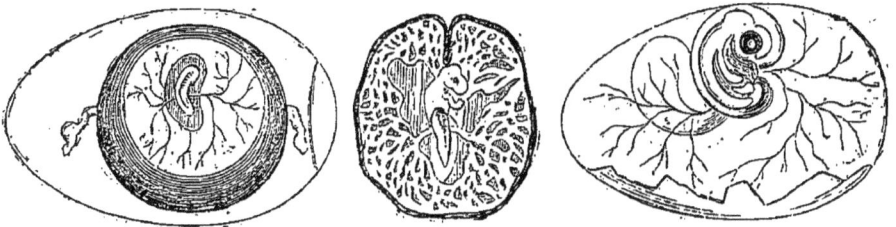

L'EMBRYON AU COMMENCEMENT ET A LA FIN DU 3ᵉ JOUR.

sillon marque en effet la place de la moelle épinière; il se
renfle à une extrémité, au point où se trouvera le cerveau.

Peu à peu, le germe qui avait la forme d'une lame courbe,
s'est courbé de plus en plus, en façon de croissant; les bords
sont devenus plus nets et se sont relevés et rapprochés. Il
ressemble maintenant à la partie creuse d'une cuiller ou si
l'on préfère à une nacelle ou un bateau. Il a une face infé-

rieure concave et une face supérieure convexe qui est le dos.

Les organes vont successivement apparaître à leur place, d'abord informes et incomplets, à l'état d'ébauche pour ainsi dire, puis les contours deviendront plus nets, la forme mieux caractérisée et plus précise. C'est lorsque la forme du corps et des membres devient nettement visible que le germe se nomme *embryon*.

Sans vouloir suivre de point en point le travail qui s'accomplit, disons qu'au troisième jour d'incubation, on distingue, à l'intérieur du germe, un double point rouge qui sautille : c'est le cœur. Le quatrième jour, l'intestin se montre. On remarque en même temps un accroissement du jaune et une diminution du blanc. Le jaune est devenu plus clair, plus fluide et en conséquence plus facile à observer. Veines et artères font leur apparition ; on voit poindre les mâchoires, les

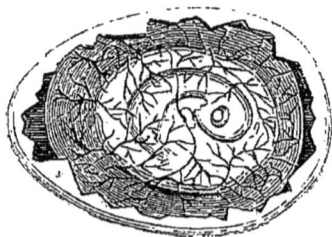

L'EMBRYON LE 7ᵉ JOUR
DANS L'ŒUF.

L'EMBRYON LE 7ᵉ JOUR
HORS DE L'ŒUF ET GROSSI.

ailes, les pattes, etc. Du sixième au septième jour, il a environ trois centimètres de longueur, tous ses organes sont apparents mais non terminés ; le petit être est complet, mais ses organes ne sauraient fonctionner. C'est seulement à la sortie de l'œuf que l'animal pourra en faire usage, et ils ne doivent servir qu'à ce moment.

Jusqu'au vingt et unième jour qui est le jour de la sortie de l'œuf ou de l'éclosion, l'animal grandit, ses organes

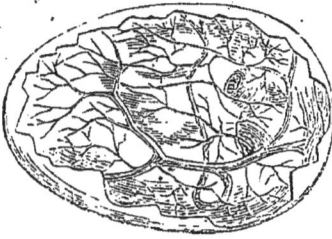

L'EMBRYON LE 10ᵉ JOUR
DANS L'ŒUF.

L'EMBRYON LE 10ᵉ JOUR
HORS DE L'ŒUF ET GROSSI.

achèvent de se former, le blanc et le jaune disparaissent et

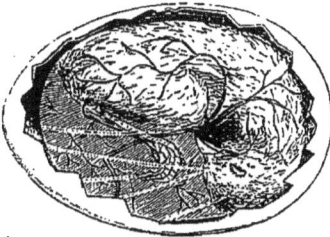

L'EMBRYON LE 18ᵉ JOUR
DANS L'ŒUF.

L'EMBRYON LE 18ᵉ JOUR
HORS DE L'ŒUF.

enfin, pendant les quelques heures qui précèdent sa sortie,

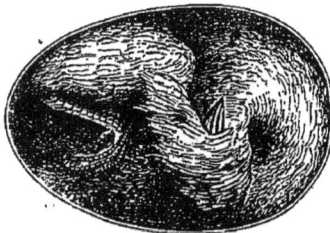

L'EMBRYON LE 21ᵉ JOUR

il se remue, s'agite et heurte la coquille, non avec son bec qui ne serait pas assez résistant, mais avec un petit corps

dur qu'il porte sur le bec et qui doit tomber aussitôt après
la sortie, car il est donné au poulet pour cet usage et cet

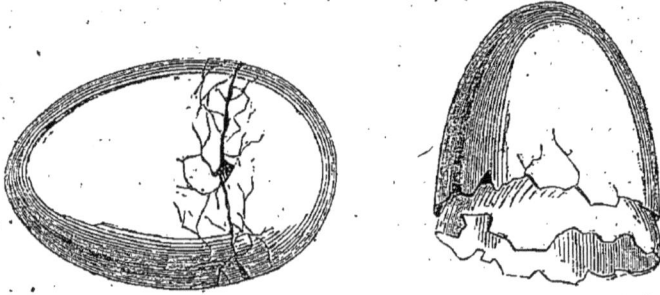

LA COQUILLE BÉCHÉE PAR LE POULET ET DIVISÉE PAR LE POULET.

usage seulement.Enfin, la coquille est brisée; il était pelo‑

POUSSINS.

tonné, ramassé sur lui-même; il allonge alors ses jambes,
dégage sa tête de dessous son aile, il sort, il est libre.

Les organes temporaires.

Pendant cette période de vingt et un jours, lorsque l'animal
n'est pas formé, il vit comme il vivra au sortir de l'œuf.
Cette admirable machine qui n'est pas construite fonctionne

pourtant comme elle fonctionnera plus tard avec tous ses rouages. L'animal se nourrit sans bec, sans estomac; il respire, et n'a point encore de poumons. En un mot, toutes les fonctions de la vie végétative s'accomplissent en l'absence des organes qu'elle exige, et pendant que ces organes sont en train de se former.

Semblables à ces échafaudages dont on entoure l'emplacement des édifices, qui servent à élever pierres sur pierres et à permettre les manœuvres nécessaires à la construction, puis sont enlevés lorsque l'édifice est terminé, des organes provisoires, qui n'ont qu'une existence temporaire, ont pour mission d'accomplir tous les actes de la vie végétative, en attendant que les véritables organes soient prêts.

》《

Il ne s'agit que de la nutrition, car tant que l'animal sera dans l'œuf il importe peu que ses yeux et ses oreilles soient formés, puisqu'il n'a rien à voir ni à entendre. Il n'a pas non plus à marcher ni à voler tandis qu'il est encore enfermé.

L'amnios.

Les organes provisoires apparaissent dès qu'ils sont devenus nécessaires. Les uns servent à la protection, les autres à la nutrition du futur animal. Vers le milieu du second jour, le feuillet extérieur du germe s'étend tout autour de celui-ci et se replie du côté convexe ou du dos, puis les bords se rapprochent, se touchent, se soudent. Ainsi se trouve formée une poche ou un sac courbé, allongé et aplati, qui se remplit bientôt d'une matière liquide produite par les parois du sac au moyen des liquides contenus dans l'œuf. Ce sac porte le nom de *poche des eaux*, les savants le nomment *amnios*. Le germé du petit poulet se trouve ainsi mollement enveloppé et suspendu dans cette sorte de lit d'eau qui amortit les chocs et l'effet des mouvements brusques ou vifs. En un mot, c'est l'appareil protecteur.

Le sac de jaune.

Nous avons dit que le jaune plus ou moins délayé compose la nourriture du petit être : ajoutons que cette nourriture est toute prête à être absorbée, absolument comme si elle était le résultat du travail des organes digestifs ; c'est ce qui dispense le germe de ces organes. Le jaune est contenu dans un sac formé aux dépens du feuillet interne du germe ; il est en rapport avec l'intestin rudimentaire. La quantité de nourriture est nécessaire et suffisante ; il n'y en a ni trop ni trop peu.

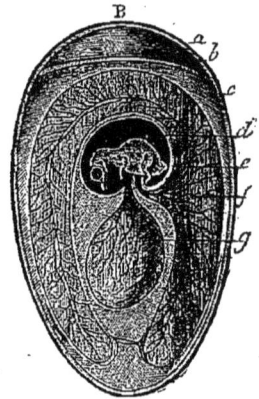

ŒUF DE LA POULE PEN-
DANT L'INCUBATION.

a, coquille. — b, chambre à air. — c, blanc. — d, poche amniotique. — e, embryon. — f, vésicule allantoïde. — g, vésicule renfermant le jaune.

L'allantoïde.

Avec la poche des eaux et la poche alimentaire le futur animal se trouve abrité et nourri ; cela ne lui suffit pas, il doit en outre respirer. Aussi se forme-t-il dès le second jour une troisième poche, l'*allantoïde*, qui englobe une partie du blanc de l'œuf, se tapisse de nombreux vaisseaux et enveloppe complètement le germe et ses dépendances. L'allantoïde s'applique contre la coquille, à travers laquelle passent les gaz absorbés ou rejetés par la respiration. De même que la nutrition s'accomplit sans digestion préparatoire, la respiration se fait sans l'aide des poumons : les vaisseaux qui recouvrent l'*allantoïde* en font l'office. Ce même sac reçoit les excrétions de l'animal qui sont uniquement liquides, pendant la période d'incubation.

Il y a donc, on le voit, une partie de la vie de l'animal pendant laquelle il se forme. A ce moment, ce n'est pas encore un être infiniment petit qui n'a qu'à grandir pour devenir semblable à ses parents : c'est un germe, un devenir, c'est-à-dire de la matière qui s'organise, qui possède cette chose incompréhensible qu'on appelle la vie, que d'autres nomment *force vitale*, en vertu de laquelle la matière est dirigée, gouvernée, entraînée, et prend forme absolument comme si elle était coulée dans un moule.

Cette première partie du développement des animaux a été ignorée de ceux qui croyaient que, dès l'origine, l'être miniature ou microscopique existait, et que son développement consistait simplement en une croissance.

ŒUFS DES DIVERS ANIMAUX. — RESSEMBLANCES; DIFFÉRENCES.

Pour observer l'œuf, nous avons choisi le plus connu des œufs, celui qui nous est le plus familier, celui de la poule ou plus généralement celui de l'oiseau. Les œufs des autres animaux ne contiennent pas toujours toutes les parties essentielles et accessoires que nous avons remarquées dans celui-ci. Ainsi les œufs de grenouille n'ont pas de coquille. La somme de nourriture que renferme l'œuf ne suffit pas toujours pour assurer le développement complet du petit animal et l'amener au point où il ressemblera à ses parents. Dans ce cas le petit se forme en partie dans l'œuf et en partie hors de l'œuf. Ce n'est pas là d'ailleurs un accident; la nature n'a pas commis d'erreur dans ses prévisions ou ses calculs. L'animal qui présente cette particularité n'est pas un animal qui aurait dû être complètement formé dans l'œuf, et ne l'a été qu'en partie par suite d'imprévoyance; non, c'est simplement un développement en deux actes.

Les œufs des mammifères.

Chez les mammifères, c'est-à-dire les animaux pourvus de mamelles et qui allaitent leurs petits, l'œuf n'est pas non plus complet comme celui des oiseaux. Tout se réduit à l'œuf proprement dit, à l'*ovule* composé de la vésicule germinative contenant la tache germinative, le tout renfermé avec une petite quantité de jaune dans une enveloppe transparente. Cet ensemble est microscopique, de sorte que c'est à peine si l'on peut dire qu'il contient du jaune; point de blanc, point de coquille. Toutes ces parties sont inutiles puisque l'œuf ne doit pas être pondu, puisque le petit se nourrira directement aux dépens de sa mère, se développera dans le sein de celle-ci, d'où il sortira tout vivant. Les mammifères sont donc en même temps *vivipares*, ce qui signifie qu'ils font des petits vivants. En même temps que le petit se développe dans les entrailles de la mère, la mamelle se développe et élabore le lait. Le lait et le petit apparaîtront simultanément à un moment déterminé.

Le petit chien a été au commencement un œuf, un ovule de un à deux dixièmes de millimètre. C'est un physiologiste, — Baer, — qui vit pour la première fois en 1827, l'œuf des mammifères; un autre en vit l'enveloppe, — Graaf; — un troisième, — Coste, — découvrit, en 1834, la vésicule que Purkinge avait vue le premier dans l'œuf des oiseaux. Autant de parties, autant de découvertes qui devaient nous conduire à établir la parfaite ressemblance des œufs de mammifères et des œufs d'oiseaux, quant aux parties essentielles. Ainsi le poulet et le chien, si différents l'un de l'autre, sortent de deux ovules semblables.

Ressemblances au début et dans le cours du développement.

Quelque différence qu'on trouve entre les animaux, les œufs d'où ils sortent ne diffèrent pas par la partie essentielle. Oiseaux, lézards, serpents, poissons, mammifères, naissent d'œufs semblables, c'est-à-dire d'un ovule entouré de jaune, et la même partie du jaune se divise, se partage toujours au début, en deux, puis en quatre parties et ainsi de suite. Ainsi le point de départ de tout germe est le même. Plus tard seulement, les différences se montrent. On dirait que le jaune contient les matériaux de l'édifice à construire et que l'ovule en renferme le plan. Les fragments du jaune sont comme les pierres dont l'ovule se servira pour bâtir. L'ovule est tout à la fois l'architecte et le maçon. Les fragments ou cellules du jaune sont les matériaux qui servent à la construction de l'animal. Si grande que soit la différence entre un oiseau et un chien, entre ces animaux et un poisson ou une grenouille, l'origine est la même, aussi mystérieuse et aussi simple.

- La ressemblance n'a pas seulement lieu au commencement, pendant la division ou la segmentation du jaune en cellules, elle se continue au delà, et nous retrouvons dans l'œuf de chien, de chat, de mammifère en général, les diverses parties de l'œuf de l'oiseau, sauf, bien entendu, comme il a été dit plus haut, les parties, telles que la coquille, inutiles aux animaux vivipares. C'est : 1° l'appareil de protection, le lit d'eau, l'amnios; — 2° l'appareil de nutrition, le sac de jaune, la vésicule ombilicale; — 3° enfin, l'appareil pour la respiration et l'excrétion, l'allantoïde, troisième poche recouverte de vaisseaux sanguins.

Différences apparentes. — Liens entre la mère et le petit.

Toutes les parties essentielles y sont, mais la quantité de jaune est insignifiante si on la compare à celle qui remplit en partie l'œuf de l'oiseau; l'œuf de l'oiseau renferme en effet vingt et un jours de nourriture, les vingt et un premiers jours compris entre la ponte et l'éclosion. Or, le petit du mammifère, dès qu'il aura épuisé la très petite quantité de nourriture des premiers jours, tirera directement de sa mère toute sa nourriture. Ce qui se passe pour le jeune oiseau dans l'œuf et hors de la mère, se passe ici dans le sein même de la mère. Les deux êtres ne font qu'un, pour ainsi dire. Il se nourrit par sa mère, il respire par sa mère, et tout ce que la mère ressent, l'enfant en reçoit le contre-coup. Il suffit de donner à la mère une nourriture qu'on a eu soin de colorer pour constater que non seulement les os de la mère sont colorés, mais aussi ceux des petits qu'elle porte dans ses entrailles.

La nourriture à l'aide du lait, qui se fait au dehors, lorsque les petits sont nés, ne diffère pas pour ainsi dire de la nourriture interne. Par le sang ou par le lait, le petit tient toujours à la mère. On voit par là, disons-le en passant, combien sont étroits les liens de la mère et de l'enfant; combien il importe de ne pas contrarier ces dispositions naturelles, de ne

pas rompre ces liens en interposant une étrangère, la nourrice, entre la mère et l'enfant, sans les motifs les plus
sérieux et non les plus futiles, comme c'est la coutume.

Développement des petits marsupiaux.

Certains animaux, les sarigues, les kanguroos, sont pour

LA SARIGUE ET SES PETITS SURPRIS.

ainsi dire des vivipares imparfaits. Leurs petits ne se développent pas complètement dans le sein maternel, et, lorsqu'ils
naissent, ils ne sont pas achevés. Leur développement se ter-
mine au dehors. Ils vivent dans une poche formée par deux
replis de la peau du ventre, et où se trouvent les mamelles.
Tandis que le grand kanguroo est de la taille d'un homme, le

petit qui vient de naître n'est pas plus gros qu'une noix. Il est nu et informe ; la mère l'approche de la mamelle à laquelle il reste fixé, jusqu'à ce qu'il soit complètement formé. Les petits habitent pendant quelque temps la poche maternelle, sorte de nid portatif, mettent le nez à la fenêtre, comme la belette, s'aventurent jusqu'à sortir de la poche où ils se réfu

LE KANGUROO GÉANT.

gient bientôt, s'ils craignent quelque danger, pensant avec raison que c'est l'asile le plus sûr.

Ressemblances des embryons.

Mais nous n'en avons pas fini avec les similitudes entre les œufs : lorsque le petit être se dessine, lorsqu'il prend forme, il ressemble déjà à ceux auxquels il ressemblera plus tard.

Ainsi, les œufs et les germes de mammifères, d'oiseaux, de poissons sont semblables au début, subissent des transformations semblables, et ne cessent pas de se ressembler pendant un certain temps. La ressemblance persiste d'autant plus longtemps que les animaux appartiennent à des groupes plus voisins; les embryons de tous les mammifères, carnassiers, ruminants, pachydermes, etc., restent semblables pendant un laps de temps plus considérable que ceux de ces mêmes mammifères et ceux des oiseaux ou des reptiles. Les embryons des animaux d'un même *ordre*, l'ordre des ruminants par exemple, comprenant les bœufs, les moutons, les cerfs, etc., se ressemblent pendant un temps plus long que les embryons d'animaux d'*ordres* différents, appartenant à la même classe, comme les ruminants, les carnassiers, les pachydermes qui constituent des ordres différents dans la classe des mammifères. En général, plus est grande la ressemblance entre les animaux parvenus à l'âge adulte, plus la ressemblance est grande entre leurs embryons, et plus longtemps aussi cette ressemblance persiste. (Milne Edwards.)

Ainsi tous les œufs sont semblables, œufs d'oiseaux, de mammifères, de reptiles, de poissons, tous contiennent les mêmes parties essentielles et ne diffèrent que par les proportions relatives de ces parties. En outre, les phénomènes qui se passent au début sont les mêmes pour tous les œufs; pour tous, il y a segmentation, pour tous, l'apparition des premiers rudiments du petit se fait dans le même ordre et de la même manière. Il y a un moment dans le développement où tous les petits se ressemblent et où l'on ne saurait distinguer celui qui doit devenir un chien ou un bœuf de celui qui sera un oiseau, une tortue ou un poisson.

LES MÉTAMORPHOSES,

Le têtard et la grenouille.

De l'œuf d'un oiseau sort un oiseau semblable à celui qui a pondu l'œuf : ainsi, de l'œuf de la poule sort un poussin; de l'œuf du pigeon sort un pigeonneau; de l'œuf d'un reptile sort un jeune reptile, et tout cela semble très naturel. Pourtant de l'œuf de la grenouille ne sort pas une grenouille, mais un têtard. Ce dernier, enfant de grenouille, a la forme d'une sphère légèrement aplatie et pourvue d'une queue. De chaque côté de la sphère sont des corps en forme de panaches, les *branchies*, qui servent à la respiration aquatique de l'animal, car il vit dans l'eau complètement et n'est pas amphibie comme sa mère la grenouille. Bientôt les pattes poussent pour ainsi dire; elles naissent, comme croissent les bourgeons, se développent, celles de derrière d'abord. En même temps, la

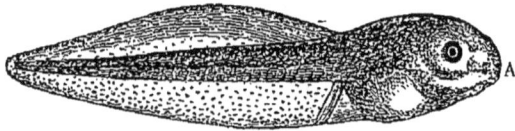

TÊTARDS DE GRENOUILLE.
A, vue de profil. — B, vue en dessus.

queue diminue, s'atrophie et tombe. Les branchies sont alors remplacées par des poumons. L'animal a cessé d'être aquatique, c'est-à-dire d'être conformé pour vivre dans l'eau à la manière des poissons; il est devenu animal terrestre ou plutôt amphibie.

Tout a changé pour lui : la forme, la taille, la manière de

vivre, de respirer. Le têtard et la grenouille sont pour ainsi dire deux animaux distincts, et pourtant c'est le même animal à deux époques de son existence. La grenouille est donc un animal qui change de forme et d'organes ou un animal à *métamorphoses*.

Si l'on observe les œufs de la grenouille, qu'elle abandonne en masses qui flottent dans l'eau des fossés, on voit qu'ils sont dépourvus de coquilles; une membrane enveloppe le jaune et le germe réunis. Lorsque la provision de jaune est épuisée, l'animal est devenu têtard. Voilà donc un animal qui au lieu de subir toutes ses transformations dans l'œuf, en accomplit partie dans l'œuf, partie au dehors. Aussi ne possède-t-il pas les organes nécessaires aux animaux qui naissent parfaits ou semblables à leurs parents.

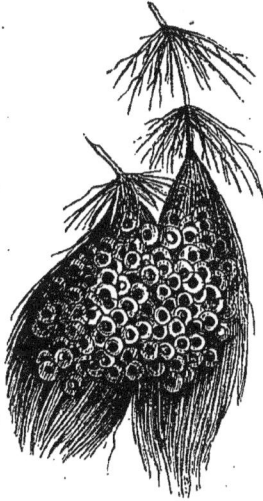

ŒUFS DE GRENOUILLE.

L'habitude que nous avons de voir le petit chien ou le petit chat naître semblables à leur mère, nous porte tout naturellement à penser qu'il en doit être de même pour les batraciens. Une observation attentive pouvait seule révéler le mystère de la double forme de la grenouille et dissiper les erreurs nées d'une observation insuffisante. Tant qu'on n'a pas suivi de point en point la ponte, l'apparition du têtard et les diverses phases par lesquelles il passe avant de devenir grenouille, on a pu croire que le têtard et la grenouille étaient deux animaux différents; de là à conclure que l'un et l'autre naissaient spontanément, il n'y avait pas loin, car il fallait bien expliquer l'apparition des uns et des autres.

Dans la première partie de son développement, le poussin ne ressemble pas à la poule, mais il est alors dans l'œuf, et nous n'en savons rien, nous ne le voyons qu'à la sortie et lors-

MÉTAMORPHOSES DU TÊTARD EN GRENOUILLE.

1, Têtard sans branchies. — 2, avec les pattes de derrière. — 3, avec toutes ses pattes.
4, grenouille ayant encore sa queue. — 5, grenouille.

qu'il est semblable à ses parents; cette forme définitive seule nous est connue; les phases intermédiaires nous échappent, elles nous sont cachées. C'est ce qui établit une différence plus apparente que réelle entre le mode de formation des animaux qui subissent ou non des métamorphoses.

Nous allons par de nouveaux exemples nous familiariser de plus en plus avec cette idée qu'un animal n'atteint sa forme définitive qu'après avoir traversé des formes intermédiaires, et que ces formes intermédiaires peuvent nous être cachées, lorsque les transformations se passent à l'intérieur de l'œuf, ou se montrer à nous, lorsqu'elles ont lieu hors de l'œuf.

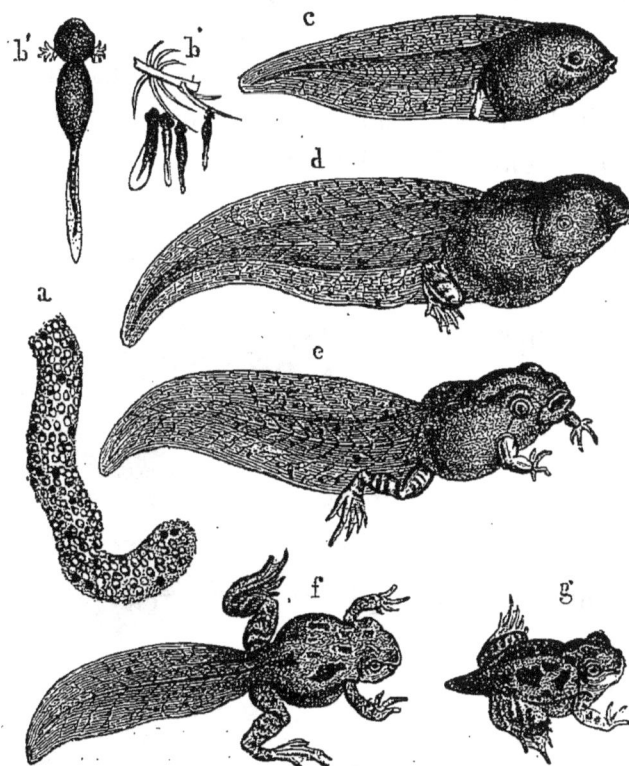

MÉTAMORPHOSES DU CRAPAUD.

a, œufs réunis en masse. — *b*, têtards au moment de l'éclosion. — *b'*, un têtard grossi avec ses branchies. — *c*, têtard sans branchies. — *d*, têtard avec les pattes de derrière. — *e*, avec toutes les pattes. — , *f*, *g*, état plus avancé.

L'animal naît en même temps que l'œuf, on ne doit donc pas l'observer seulement à la sortie de l'œuf, mais dans l'œuf même, au point de départ, si l'on ne veut s'exposer à commettre quelque erreur.

Le développement des poissons.

Certains poissons pondent, le saumon par exemple; d'autres mettent au monde des petits vivants, c'est ce qui a lieu pour le requin. Le jeune requin naît tout formé et semblable à ses parents; toutefois le requin n'est pas un vrai vivipare. Il diffère des vivipares en ce que l'œuf est pour ainsi dire pondu à l'intérieur du corps de la mère, et que l'éclosion a lieu également à l'intérieur. On dit de ces animaux qu'ils sont *ovovivipares*.

Les poissons dont les arêtes sont molles, dont le squelette est *cartilagineux* sont ovovivipares; ceux dont le squelette est dur, *osseux*, sont ovipares.

Les œufs de poissons se composent de la coque et du jaune. Le jeune en sort au bout de quelques jours, incomplètement formé, et portant sous le ventre sa vésicule ou poche alimentaire. Dans les premiers

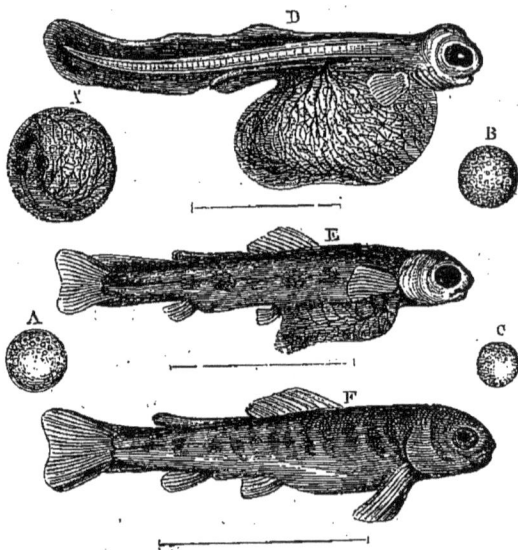

DÉVELOPPEMENT DES POISSONS.

A, œuf de saumon. — A', le même montrant le fœtus. — B, œuf de saumon du Danube. — C, œuf de truite. — D, saumon au moment de l'éclosion. — E, la vésicule a diminué. — F, la vésicule a disparu.

(Les traits représentent la longueur réelle de l'animal.)

temps, il ne mange pas, mais la poche se vide peu à peu, à mesure qu'il grandit, et elle finit par disparaître : c'est en effet de la poche qu'il tire sa nourriture. Le jeune poisson est alors en état de se nourrir comme ses parents, il leur est semblable de tout point. La provision de nourriture est nécessaire et suffisante pour l'amener à l'état définitif.

L'animal sort donc de l'œuf entraînant une partie de celui-ci ; il accomplit son développement en deux actes, le premier dans l'œuf, le second hors de l'œuf. Toutefois la présence de la poche n'empêche pas que le jeune poisson ressemble à ses parents. La naissance des poissons ne saurait donc donner lieu à aucun préjugé, mais il est bon d'observer, si faible qu'elle soit, toute modification à la règle générale, afin de s'accoutumer à cette idée que par toutes sortes de moyens, aussi variés qu'ingénieux, la nature arrive à un but identique, et que nous nous trouvons ainsi exposés à commettre des erreurs si nous ne nous défions pas des différences apparentes. Chaque découverte est une surprise.

Naissance et développement des insectes.

Si la génération des grenouilles a pu donner lieu à des erreurs, si la dissemblance entre le petit et la mère a pu faire croire à des animaux distincts, combien la génération des insectes devait-elle plus encore contribuer à égarer les observateurs. Tout devait y contribuer : chez les insectes, les métamorphoses sont plus nombreuses et plus complètes, les animaux sont plus petits et partant l'observation en est plus difficile, plus minutieuse ; enfin, les organes n'ont pu être suffisamment connus qu'après l'invention du microscope.

Les trois phases de la vie d'un insecte.

Comment imaginer que la larve et l'insecte, que la chenille et le papillon soient un même animal à deux âges différents ? Comment supposer que l'insecte élégant, léger, mobile, ailé,

nommé vulgairement demoiselle, a été le fourmi-lion trapu,
lourd, aptère, marchant péniblement et avec lenteur; que

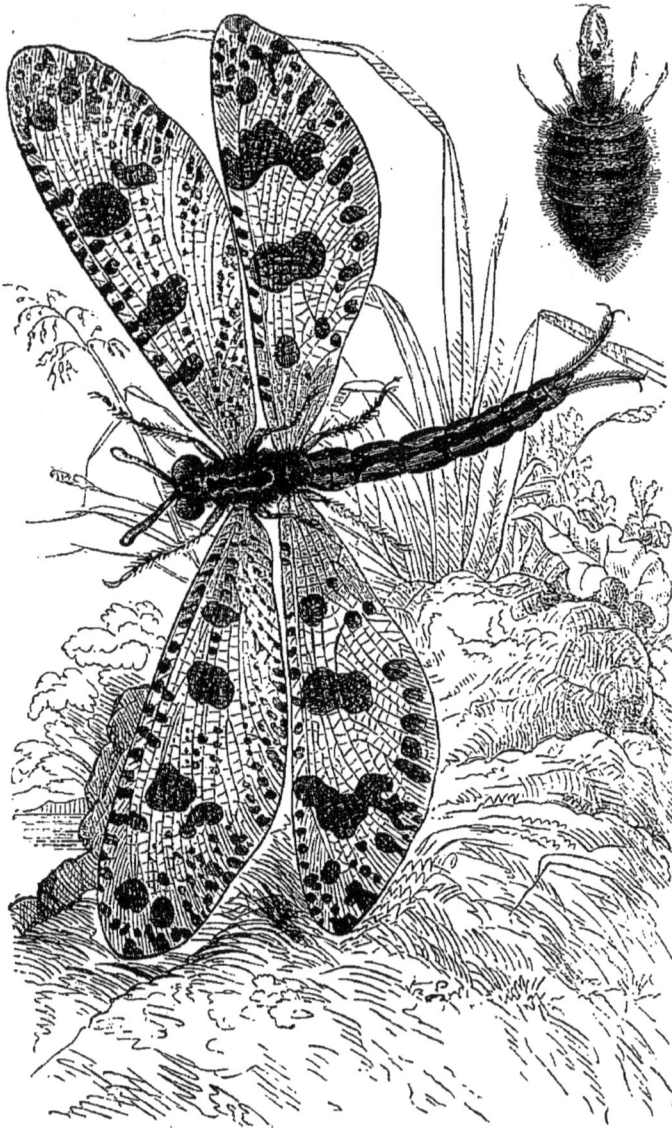

MYRMÉLÉON ET SA LARVE.

l'abeille a d'abord été un petit ver; que le cousin a vécu sous
la forme d'une larve ou ver aquatique; qu'une larve carnivore
comme celle de la demoiselle se transforme en un insecte

phytophage comme la demoiselle ou inversement ! Que

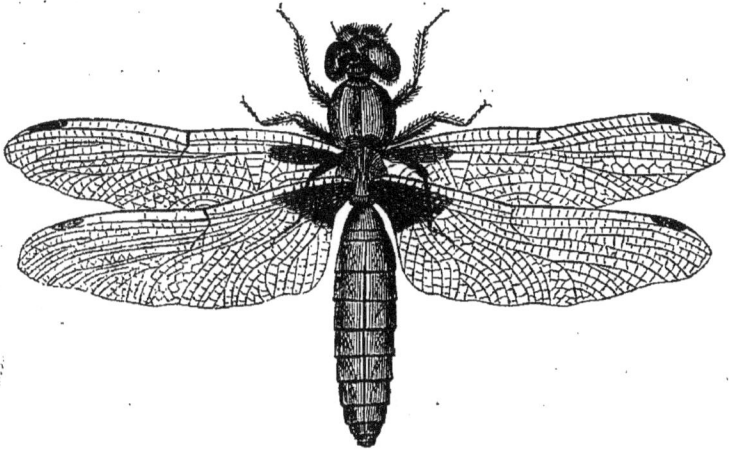

LIBELLULE.

le hanneton avant d'être hanneton a été une larve, une

LARVE DE LIBELLULE. LIBELLULE SE DÉGAGEANT DE LA NYMPHE.

sorte de ver nommé *ver blanc* ou *mans*, trop connu de nos

agriculteurs parce que c'est un grand mangeur de racines. Et
ce ver qui se transforme en hanneton habite pendant deux ans
environ l'intérieur de la terre. Qui eût pu imaginer de sem-

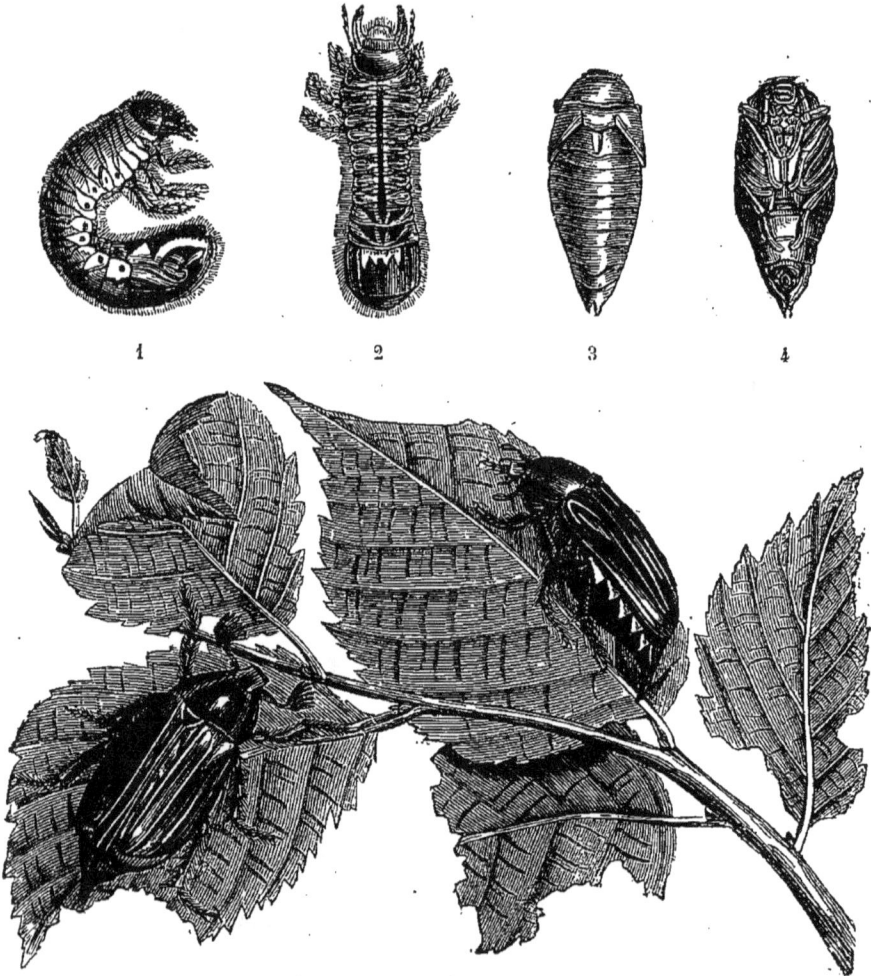

HANNETON AVEC SA LARVE ET SA CHRYSALIDE

1, larve vue de côté. — 2, la même vue en dessous. — 3, chrysalide vue en dessus. —
4, la même vue en dessous.

blables métamorphoses et des modes d'existence si différents
répondant aux divers âges d'un même animal? Encore aujour-
d'hui on peut étonner bien des gens en leur disant ces choses.

Mais lors même qu'on aurait vu la larve se transformer en insecte parfait, qu'on eût été témoin de la métamorphose, restait encore à trouver l'origine de la larve, l'œuf pondu par l'insecte maternel. Aristote a connu l'une des métamorphoses de l'éphémère, il raconte que près du fleuve *Hypanis*, aujourd'hui le *Boug*, qui se jette dans le Bosphore

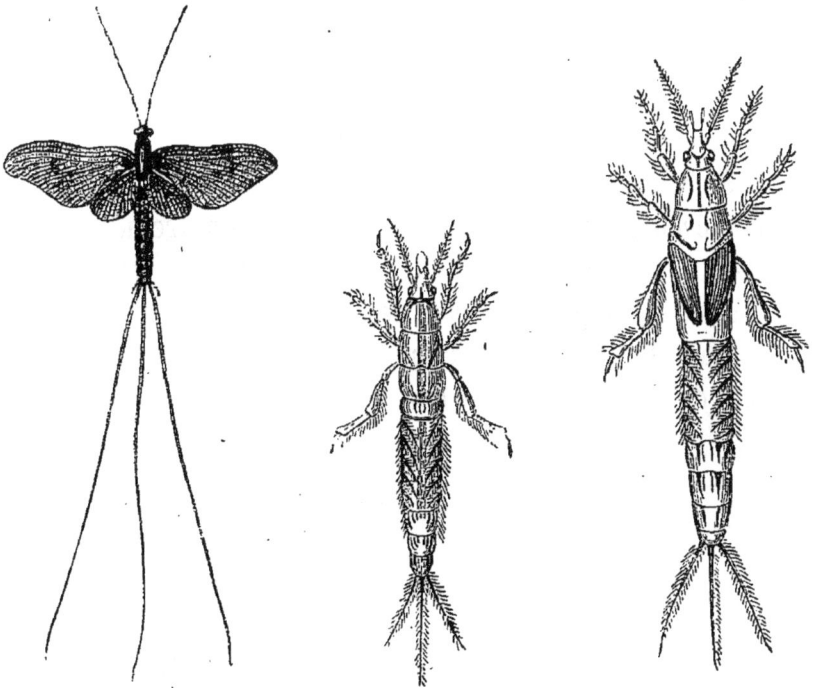

L'ÉPHÉMÈRE, SA LARVE ET SA NYMPHE.

ou plus exactement dans le Dniéper, l'ancien Borysthène, on voit au mois de juin des chrysalides qui donnent naissance à un animal pourvu de quatre ailes et de six pattes, lequel vit un jour, d'où son nom d'éphémère. Ce qu'Aristote n'a pas vu parce qu'on ne pouvait le voir qu'à l'aide du microscope, ce sont les œufs de l'éphémère.

Les œufs des insectes.

On ignorait alors que tout insecte pond des œufs et des
œufs non moins variés que ceux des oiseaux. Il y en a d'ovales,
de ronds, de cylindriques, etc.; les uns unis, les autres
cannelés; les uns blancs, les autres colorés. La
coquille est tantôt mince et facilement usée par la
larve qui veut sortir, tantôt assez épaisse et résis-
tante. Dans ce dernier cas, en un de ses points se
trouve une partie facile à détacher.

L'ŒUF
DE PUNAISE.

On y trouve la vésicule germinative et le jaune.
Le développement du germe n'a pas lieu autrement que pour
celui des oiseaux. Dans l'intérieur de l'animal, on ne remarque
pas cette grappe de *jaunes*, de grosseurs différentes, car ici la
ponte a lieu au même moment pour tous les œufs; ceux-ci
sont donc tous au même degré de maturité.

Les métamorphoses des papillons.

De l'œuf de papillon sort une chenille, et celle-ci n'est elle-

VANESSE GRANDE TORTUE.

même que la première métamorphose visible de l'animal. La

chenille a son existence distincte, elle ne se nourrit pas comme l'insecte sous sa forme dernière; elle n'a ni les mêmes instincts, ni la même manière de vivre; on dirait un animal différent du papillon. Au bout d'un temps qui varie avec les

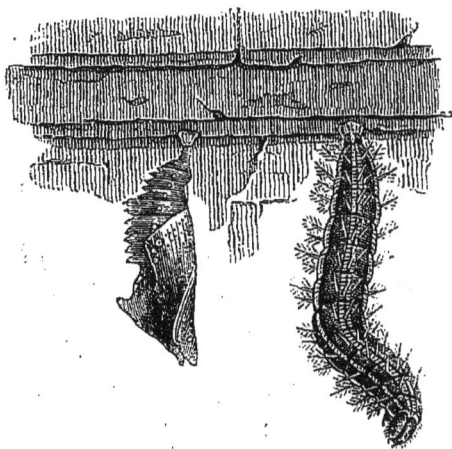

CHENILLE ET CHRYSALIDE DE LA VANESSE GRANDE TORTUE.

espèces, la chenille s'arrête dans son développement, s'enferme dans une coque ou cocon qu'elle tisse, et prend la forme de chrysalide. A l'œil nu, on ne voit pas la moindre ressemblance, soit avec la chenille soit avec le papillon, mais une analyse savante et délicate, faite à l'aide du microscope, révèle la suite, la continuité dans le travail de transformation.

Les métamorphoses des autres insectes.

Le papillon nous offre les métamorphoses les plus nettes et les plus complètes : aussi l'avons-nous pris pour exemple. La plupart des insectes subissent des métamorphoses plus ou moins complètes. Ainsi dans le groupe qui renferme les sauterelles (orthoptères) et les cigales (hémiptères), les larves ne diffèrent guère de l'insecte que par l'absence des ailes. Aussi la vie de la larve ressemble-t-elle à celle de l'adulte. La

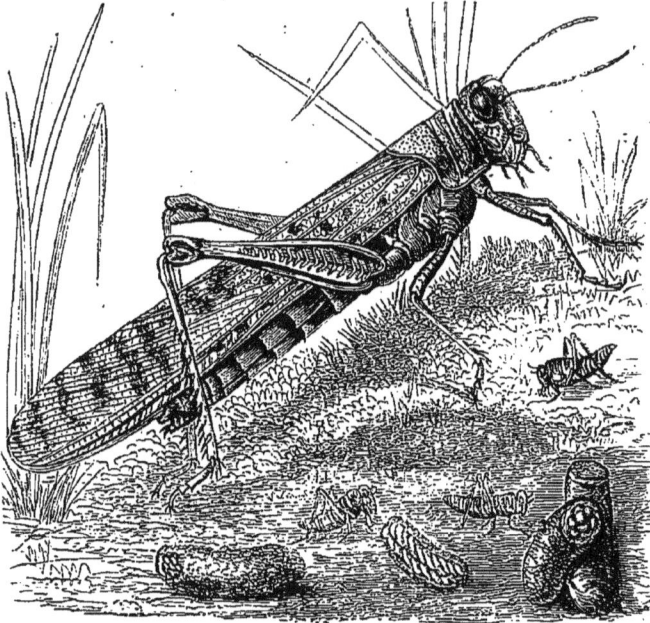

CRIQUET, ŒUFS ET LARVES

larve grandira, et se dépouillera à plusieurs reprises pendant la durée de son développement, d'une enveloppe devenue trop étroite et trop courte; puis les ailes se montreront, et alors,

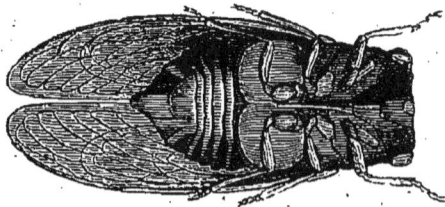

LA CIGALE.

elle sera de tout point semblable à ses parents. Les ailes seront pour elle un moyen auxiliaire de locomotion qui modifiera peu ou point ses habitudes et sa manière de vivre. Enfin, chez certains insectes, comme les poux (anoplures), il n'y a pas de métamorphoses : l'animal demeure larve pendant toute sa vie.

Les erreurs des anciens touchant les insectes.

Tant que les observateurs n'ont pas pu voir le papillon pondre, tant qu'ils n'ont pas pu être témoins de la naissance de la chenille et des changements de forme de l'animal, ils ont pu croire que chaque forme particulière répondait à un animal particulier, que la chenille était un être distinct du papillon, que le ver blanc était distinct du hanneton, l'asticot, de la mouche. Mais alors la conséquence naturelle était d'admettre la naissance spontanée de l'insecte et de sa larve, puisqu'on ne voyait aucun lien entre l'un et l'autre, puisqu'ils sortaient l'un d'un œuf, l'autre d'une coque qu'on n'avait point vue. Ce qui contribuait à accréditer l'erreur, c'était d'une part l'impossibilité de voir nettement de très petits corps avant l'invention du microscope, et, d'autre part, les modes d'existence si différents pour les larves et leur insectes.

C'est toujours l'ignorance, l'absence d'observations, de lumières qui a entretenu la croyance à la génération sans parents. Aussi l'humanité a-t-elle vécu d'erreurs pendant de longs siècles, et des hommes de génie même ont accepté des fables où le ridicule le disputait à l'absurde. Virgile, dans les *Géorgiques* (liv. IV), décrit ainsi la naissance des abeilles :

> Il te faut donc choisir et préparer exprès
> Un lieu dont la surface, étroitement bornée,
> Soit enceinte de murs, et d'un toit couronnée,
> Et que des quatre points qui divisent le jour
> Une oblique clarté se glisse en ce séjour.
> Là, conduis un taureau dont les cornes naissantes
> Commencent à courber leurs pointes menaçantes;
> Qu'on l'étouffe malgré ses efforts impuissants,
> Et, sans les déchirer, qu'on meurtrisse ses flancs.
> Il expire : on le laisse en cette enceinte obscure,
> Embaumé de lavande, entouré de verdure.
> Choisis pour l'immoler le temps où des ruisseaux

Déjà les doux zéphirs font frissonner les eaux,
Avant que sous nos toits voltige l'hirondelle,
Et que des prés fleuris l'émail se renouvelle.
Les humeurs cependant fermentent dans son sein.
O surprise ! ô merveille ! un innombrable essaim
Dans ses flancs échauffés tout à coup vient d'éclore :
Sur ses pieds mal formés l'insecte rampe encore ;
Sur des ailes bientôt il s'élève en tremblant. [1]

La recette était si difficile à exécuter qu'une explication était toujours possible pour justifier l'absence de résultat. Ainsi de nos jours, la lune n'est jamais accusée de manquer aux prédictions qu'on veut tirer d'elle. Lorsque la prédiction se réalise, on lui en accorde tout le bénéfice ; dans le cas contraire on feint d'ignorer que la prédiction ne s'est pas réalisée. Le fabuliste a dit avec raison :

L'homme est de glace aux vérités, il est de feu pour le mensonge.

Au dix-septième siècle, on croyait encore que la viande corrompue, que le fromage *avancé* donnaient spontanément naissance aux vers ou aux animalcules qu'on y trouve. Un homme grave, Van Helmont (1577-1644), indiquait des procédés pour faire naître des grenouilles, des sangsues, des scorpions et même des souris !

« L'eau de fontaine la plus pure, dit Van Helmont, mise dans un vase imprégné de l'odeur des ferments, se moisit et engendre des vers. Les odeurs qui s'élèvent du fond des marais produisent des grenouilles, des sangsues, des herbes. Creusez un trou dans une brique, mettez-y de l'herbe de basilic pilée, appliquez une seconde brique sur la première, de façon que le trou soit parfaitement couvert, exposez les deux briques au soleil, et, au bout de quelques jours, l'odeur du basilic, agissant comme ferment, changera l'herbe en véritables scorpions. »

1. Traduction de Delille.

La recette du père Kircher (1602-1680), célèbre jésuite allemand, ne diffère pas beaucoup de la précédente : « Prenez, dit-il, des cadavres de scorpions, broyez-les, mettez-les dans un vase de verre, arrosez-les d'une eau dans laquelle des feuilles de basilic aient été macérées ; pendant un jour d'été, exposez le tout au soleil. Si vous observez ce mélange avec une loupe, vous verrez qu'il s'est converti en une innombrable quantité de scorpions. »

Et le père Buonanni (1638-1725), jésuite italien, qui raconte sérieusement que certain bois, en pourrissant dans la mer, produit des vers qui engendrent des papillons, lesquels à force de rester sur l'eau se transforment en oiseaux.

Selon Sébastien Munster (1489-1552), on trouve des arbres en Écosse qui produisent un fruit enveloppé dans les feuilles, lequel, quand il tombe dans l'eau en temps convenable, prend vie et se tourne en un oiseau vivant qu'on appelle *oiseau d'arbre.*

Aldrovandi (1522-1605), savant italien, a mêlé dans ses ouvrages des descriptions sérieuses à des fables absurdes. Il ne craint pas de dire que les macreuses sont le produit de certains arbres.

Nous osons à peine reproduire ces insanités qui ont peut-être, à défaut d'autre mérite, celui de nous mettre en garde contre un excès de confiance ou de défiance dans certains systèmes, en nous inspirant une salutaire réserve. Comment oser en effet prononcer à la légère les mots *absurde* ou *impossible*, lorsque les hommes les plus considérables par la science et le jugement ont pu commettre de si grossières erreurs ?

LES EXPÉRIENCES DE RÉDI.

Les vers des cadavres. — Les asticots. — Les métamorphoses des mouches.

C'est à Rédi, qui a vécu dans la seconde moitié du dix-septième siècle (1626-1698), que nous devons la première expérience sérieuse, faite dans le but de connaître la génération
des insectes. C'est lui qui découvrit les métamorphoses de la ·
mouche de la viande, et démontra que les vers qui dévorent
les viandes putréfiées sont les larves d'une mouche.

Rédi était un esprit ingénieux en même temps que sagace,
et ses expériences reflètent ces deux côtés de son esprit. Il
veut savoir d'abord ce que deviennent ces vers de la viande, et
découvre qu'ils se transforment en mouches, puis il voit les
mouches pondre des œufs, d'où sortent les vers.

Voici le résumé de cette expérience :

Il exposa à l'air un morceau de viande crue. Lorsque la
viande commença à se corrompre, il vit des mouches, alléchées
sans doute par l'odeur, venir s'abattre sur la viande. Là, elles
déposèrent, les unes des œufs, les autres des larves; car il y
en avait dans le nombre d'ovipares et de vivipares. Au bout
de douze à quatorze heures des larves ou des vers sortirent
des œufs.

Tout le monde connaît la mouche domestique ou commune, hôte fort incommode de nos maisons, mais il y a un
grand nombre d'espèces de mouches. Celle qu'on nomme la
mouche à viande est longue d'un centimètre environ, un
peu plus grande que la mouche commune; le sommet de sa
tête est jaunâtre, et son ventre est bleu rayé de noir. C'est
de cette dernière qu'il est question.

Les vers qui sortent des œufs sont blancs, trapus, mous,

translucides, ils se traînent sur la viande, s'y enfoncent,
se baignent dans la partie liquide, et mangent les fragments suffisamment ramollis. Rédi fut surtout surpris de
leur croissance rapide. Dans l'espace de vingt-quatre heures,
chacun des vers était devenu de cent cinquante à deux cents
fois plus lourd. Au bout d'une semaine environ, les vers cessèrent de grandir, s'immobilisèrent, se roidirent, perdant
leur mollesse et leur élasticité; leur peau devint rougeâtre
dure et cassante; ils prirent la forme d'un œuf. Quelques

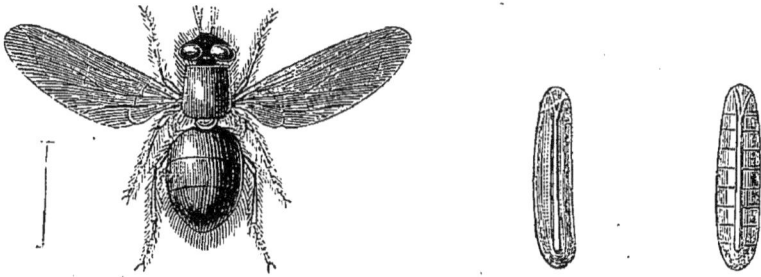

LA MOUCHE A VIANDE ET SES ŒUFS.
(La longueur du trait indique la taille de l'animal.)

jours après en ouvrant une de ces coques, il put voir, non
plus le ver qui l'avait produite, mais une chrysalide ou
nymphe blanche; en regardant de près, il vit des jambes, des
ailes emmaillotées dans des fourreaux transparents qui per-
mettaient de les distinguer, puis une tête assez forte, avec des
yeux à réseau, et une trompe repliée. En un mot, c'était une
mouche.

Rédi fut témoin de ces métamorphoses et vit bientôt après
les mouches sortir des coques. Il semblait impossible qu'avec
des organes encore mous, et dans tous les cas faibles et délicats, les mouches pussent briser la coque; mais ces coques
sont construites de telle sorte que l'extrémité par laquelle doit
sortir la mouche est fermée par une sorte de couvercle formé
de deux parties, qui peuvent aisément être disjointes. La

mouche détache l'une des deux parties ou les deux. C'est ainsi que Rédi les vit sortir, et ces mouches étaient de tout point semblables à la mouche mère qui avait pondu les œufs.

⁂

La mouche commune dépose ses œufs sur le fumier et sur les tas d'ordures, comme la mouche de la viande les dépose sur la viande. Chacune place ses œufs là où les vers trouveront leur nourriture. Elles ne s'y trompent pas, car l'existence des vers en dépend. Les vers ne sauraient se déplacer de façon à trouver les aliments de leur choix : ils doivent les trouver à leur portée.

⁂

La *mouche dorée*, reconnaissable à l'éclat de ses couleurs, dépose ses œufs sur les cadavres. Singulier contraste ! Ce magnifique insecte, semblable à une pierre précieuse, avec son corselet bleu et son abdomen vert doré, naît d'un ver qui vit sur la pourriture. Ce sont ces vers qui, sous le nom d'*asticots*, servent d'amorces aux pêcheurs à la ligne.

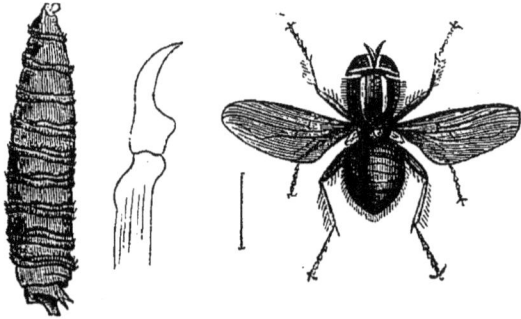

LUCILIE HOMINIVORE.

Les vers qui rongent les cadavres sont donc des larves de mouches et ne naissent pas des cadavres. Encore faut-il que les mouches puissent en approcher pour y déposer leurs œufs, car s'ils sont enfouis dans la terre, elles n'ont aucun moyen de pénétrer dans le sol, d'y creuser des galeries pour atteindre les corps. C'est parce qu'on avait vu les vers sur les cadavres exposés à l'air, qu'on avait cru que tout cadavre en était rongé. Rédi démontra que la viande enfouie à une faible profondeur se décomposait, pourrissait sans qu'on y vît de vers.

Il arrive même que les mouches déposent leurs œufs sur le visage et les parties découvertes du corps de personnes vivantes, pendant leur sommeil ou pendant un évanouissement prolongé. Des larves entrent dans la bouche, le nez, les oreilles, elles attaquent, elles rongent les chairs et déterminent la mort au bout de peu de temps.

☙

Rédi, toujours ingénieux, fit une sorte de contre-épreuve; il exposa un morceau de viande crue en prenant la précaution de l'envelopper d'une gaze fine. Les mouches aussitôt d'accourir et de déposer œufs et larves sur la gaze, remarquable preuve, disons-le en passant, de leur instinct et non de leur intelligence, car les larves devaient mourir et elles moururent en effet, après avoir souffert le supplice de Tantale. Quant à la viande, elle se corrompit sans être, cette fois, infestée de vers.

☙

Désormais, plus de doute possible; vers et mouches ne sont pas des animaux différents malgré les apparences. C'est le même animal à deux époques de sa vie; ce sont deux phases d'un même être, et cet être sort de l'œuf pondu par la mouche. Dès lors, il n'est plus nécessaire de recourir à l'hypothèse d'une génération spontanée pour expliquer la naissance de cet animal. Le petit de la mouche n'est pas une mouche, c'est une larve, et cette larve n'arrive pas par une seule et simple modification à l'état d'insecte parfait.

Aucun animal n'atteint du premier coup sa forme définitive ; tous traversent des formes intermédiaires et provisoires, tous subissent des métamorphoses, les uns dans l'œuf et cachés, les autres hors de l'œuf et visibles. Tel est le fait avec lequel il faut se familiariser de plus en plus.

Rédi ne se contenta pas des expériences précédentes ; il en fit de semblables en se servant de fromage, de poisson, et en général de toute substance corrompue au lieu de viande. Elles donnèrent les mêmes résultats : toutes les fois que ces substances étaient abritées contre l'invasion des insectes, la corruption ne continuait pas moins, mais sans qu'on vît apparaître les vers, et ceux-ci se montraient toujours lorsqu'elles étaient à découvert et que les insectes pouvaient y arriver.

Les expériences de Réaumur. — Les mouches et la confiture.

Réaumur reprit plus tard les expériences de Rédi pour les contrôler et les compléter. Il prit une de ces jolies mouches bleues que nous admirerions davantage si elles nous incommodaient moins ; il l'emprisonna sous un verre à boire renversé comme sous une cloche, après y avoir préalablement placé un morceau de viande crue. La mouche vint bientôt se promener sur la viande, et il la vit pondant par centaines des œufs qui formaient de nombreux petits tas irréguliers.

Vingt-quatre heures après, de chacun de ces œufs était sorti un petit ver sans pieds, mou, flexible. Tous ces petits vers se mirent à dévorer consciencieusement un mets qui paraissait être fort de leur goût.

Les petits vers grandirent, et, au bout de quelques jours, ils cessèrent de grandir en même temps qu'ils cessèrent de manger. Leur peau se durcit et prit une couleur foncée. Ainsi durcie, elle forma une sorte de boîte solide dans l'intérieur

RÉAUMUR[1].

de laquelle se trouva un nouvel être complètement détaché de sa peau originelle. Quelques jours après, une mouche sortit

1. Réaumur (René-Antoine), physicien et naturaliste, de l'Académie des sciences, né à La Rochelle en 1683, mort en 1757. — Entre autres inventions, on lui doit celle du fer-blanc et d'un procédé pour fabriquer l'acier.

de chacune des coques, comme le papillon sort de son cocon.

Je laisse de côté bien des détails on ne peut plus curieux sur les transformations du petit animal, sur la manière dont il se débarrasse du voile qui l'enveloppe et qui cache à demi sa véritable forme, sur les moyens qu'emploie la mouche pour briser la porte de sa prison naturelle, et s'en échapper pour prendre son essor.

Réaumur n'est pas un observateur vulgaire : il aborde successivement son sujet par tous les points, il y pénètre, il le fouille dans tous les recoins, avec ses yeux d'abord, avec le microscope ensuite, et toujours avec cet œil plus clairvoyant encore, la raison, sans lequel les autres ne nous apprendraient rien. Il disséqua des mouches afin de retrouver dans leur corps les œufs qu'il leur avait vu pondre. Il observa les vers pendant qu'ils mangeaient, les vit mordre avec leurs crochets, et d'autant plus aisément que la chair était plus tendre et plus corrompue. Il étudia le manège des mouches qui parviennent à manger le sucre, en l'humectant d'abord avec une sorte de salive, qui mouillent également avec leur salive un sirop trop épais ou de la confiture, de manière à les délayer assez pour en rendre l'absorption facile.

Les erreurs de Rédi.

Rédi, qui porte un coup si rude à la doctrine de la génération spontanée, relève aussitôt après ce qu'il vient d'abattre. Il n'admet pas, avec raison d'ailleurs, la naissance fortuite des vers sur les substances corrompues, parce que ces substances n'appartiennent pas à un être vivant, mais, selon lui, des vers peuvent naître spontanément sur un corps vivant duquel ils tiennent la vie. Quiconque mange des fruits peut trouver à l'intérieur d'une pomme, d'une poire, d'une cerise, une larve qui est en train de la ronger. Or, d'après Rédi, cette larve pouvait naître de la substance vivante du fruit, tandis qu'en réalité, on le sait aujourd'hui, elle est sortie d'un œuf déposé dans le fruit longtemps avant la maturité de ce dernier.

Les vers dans les fruits.

Chaque fruit a son hôte, sinon plusieurs; chaque plante abrite dans son bois, dans ses feuilles, dans ses racines, un ou plusieurs parasites qui la rongent, la blessent et même la tuent. On ne voit pas d'ouvertures par lesquelles ces larves de toutes sortes aient pu pénétrer; c'est qu'en effet la larve est née à l'intérieur, d'un œuf qui y a été déposé, à l'aide d'appareils spéciaux, admirablement propres à percer, à perforer, à trouer.

La cécidomyie.

Les jeunes poires sont à peine formées et déjà quelques-unes n'ont plus la forme de poires; elles sont arrondies et bossuées. Le jardinier ne s'y trompe pas; il sait que la déformation du fruit tient à la présence de certains vers. Une toute petite mouche, la *cécidomyié noire*, de deux millimètres de long à peine, assez gracieuse, portant en arrière des ailes deux appendices déliés ou *balanciers*, a introduit ses œufs dans la fleur même du poirier; à l'aide de sa fine tarière, elle

LA CÉCIDOMYIE DU FROMENT.

a perforé les pétales autant de fois qu'elle a pondu d'œufs,
c'est-à-dire une cinquantaine de fois. Les petites larves sont
sorties des œufs, se sont nourries du fruit, ont grandi avec lui,
elles y ont trouvé un abri sûr et leur nourriture. Rien n'a
échappé à leurs dents, ni les pétales, ni les étamines, ni le
pistil. La petite poire a néanmoins continué à grossir, mais
pour peu de temps. Bientôt elle s'est desséchée, elle est tom-
bée au moment où les larves se sont trouvées prêtes à se
transformer.

Ce n'était pas chose aisée que de voir un insecte de deux

LA PENTHINE DU PRUNIER.
Un des plus petits papillons de nuit.

millimètres; moins encore, de voir ses œufs, et enfin de le voir
pondant ses œufs. Il était plus facile sans doute d'admettre
sans contrôle que les vers étaient nés spontanément.

Ce sont les larves d'une autre cécidomyie, celle du froment,
qui mangent les fleurs de blé et empêchent ainsi la fécondation.

On connaît des cécidomyies dont les larves renferment
d'autres larves qui viennent au monde en déchirant le corps
de leur mère. A leur tour ces nouvelles larves sont déchirées
par les larves qui sortent de leur sein, et ainsi de suite pendant toute la belle saison. Autre sujet d'étonnement, autre
cause d'erreur sur la naissance des animaux.

L'ortalide.

Les cerises nourrissent des vers qui sont des larves d'une mouche noire plus grande que la précédente, l'*ortalide*. Sa longueur est de trois à quatre millimètres, sa tête est fauve et ses ailes sont rayées de quatre bandes noires. L'ortalide dépose

DACUS SUR UNE OLIVE. — OLIVE OUVERTE POUR MONTRER
LES LARVES QUI LA RONGENT INTÉRIEUREMENT.

ses œufs dans les cerises aussitôt après la chute des pétales. La larve grandit avec le fruit et en sort lorsqu'il est mûr, tombe au pied de l'arbre où elle se transforme en nymphe.

Le dacus des olives.

Les olives sont rongées par les larves du *dacus*. C'est aussi une mouche, de cinq millimètres de longueur environ, de couleur jaunâtre, tachetée de noir sur divers points du corps et portant des ailes transparentes à reflets variés. Le dacus introduit ses œufs sous la peau des olives, à l'aide de sa fine tarière qui sort de son étui corné comme sort la mine du crayon du porte-mine. C'est toujours, on le voit, le même procédé;

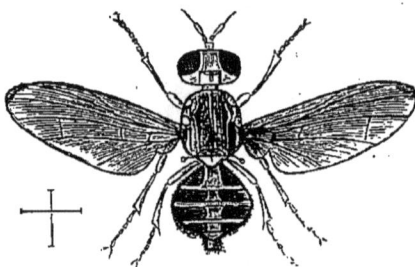

LE DACUS GROSSI.
Les dimensions vraies sont figurées par deux traits.

l'insecte enfonce cette sorte de dard sous la peau, pratique une incision, fait un trou imperceptible et du même coup introduit un œuf. Il pond ainsi une centaine d'œufs d'où sortent autant de larves, devenues autant d'insectes parfaits au bout d'un mois environ. On peut ainsi juger des ravages exercés par ces mouches.

Les galles et les cynips.

Non seulement les fruits mais toutes les parties des plantes sont dévorés lentement et quelquefois complètement par des larves cachées, que Rédi croyait engendrées par la substance vivante de la plante. On trouve sur un grand nombre de végé-

taux, et particulièrement sur le chêne, dès excroissances plus
ou moins arrondies, de grosseurs et de couleurs variées, qui
renferment des larves en plus ou moins grand nombre. Elles
ont reçu différents noms selon les apparences qu'elles présentent. Celles qu'on nomme *pommes de chêne* sont molles et
spongieuses, et assez semblables à de petites pommes vertes
ou rouges, d'un très joli effet. Elles se développent sur les
feuilles. Il en est d'autres, d'une rondeur parfaite, d'une
grande dureté, que porte un chêne du Levant, elles sont très

GALLE DES FEUILLES   NOIX DE GALLE COUPÉE
DE CHÊNE.   POUR EN MONTRER L'INTÉRIEUR.

connues sous le nom de *noix de galle* ou simplement de *galles*.
On les utilise dans la fabrication de l'encre noire. D'autres,
beaucoup plus grosses, se trouvent sur les racines des chênes ;
enfin, certaines, très différentes des autres, sont irrégulières,
bossuées, à surface lisse et mamelonnée, d'un vert pâle, peu
résistantes : elles abritent un grand nombre de larves.

Galles diverses.

Les galles du rosier sauvage, plus connues sous le nom de
bédégars, sont hérissées de nombreux filaments, qui leur ont

valu le surnom de *chevelues*. Celles du lierre sont tendres et aqueuses, et assez bonnes à manger lorsqu'elles sont fraîches.

Toutes ces excroissances sont produites par des insectes, les *cynips*. Autant de galles, autant de cynips différents : chaque galle abrite une espèce particulière. Comment Rédi, cet observateur si ingénieux et si habile, s'arrête-t-il en si beau chemin? Pourquoi ne répète-t-il pas avec le fruit véreux et avec la galle l'expérience si concluante faite sur les vers de la viande? Il aurait vu sans doute les vers se transformer en insectes, et il aurait au moins soupçonné cette vérité, qu'entre les

CYNIPS DES BAIES DE CHÊNE. CYNIPS FEMELLE ET SA LARVE.

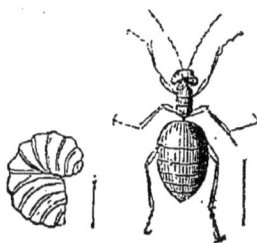

vers de la viande et ceux de la galle la différence porte sur le mode de nourriture et la manière de vivre, puisque ce sont des larves d'insectes différents. Les unes vivent de viande corrompue, les autres vivent aux dépens des fruits ou des feuilles qui les abritent.

Les expériences de Swammerdam.

Swammerdam (1637-1680), savant anatomiste hollandais, fit sur les galles des expériences analogues à celles de Rédi. Il constata la métamorphose des vers en insectes ailés, et trouva dans le corps de ces derniers des œufs semblables à ceux qui étaient dans l'intérieur des galles. Il ne restait plus pour com-

pléter l'expérience qu'à surprendre l'insecte au moment où il
pondait.

Patience et longueur de temps, le microscope aidant, devaient faire découvrir ce nouveau mystère. Ce n'était pas chose
facile : les cynips sont en effet de petits insectes, qui ont de trois
à quatre millimètres de longueur, et qu'il faut examiner à la
loupe. Tantôt le mâle seul est ailé, tantôt mâle et femelle sont
privés d'ailes. Le thorax et l'abdomen, très bombés, ne sont
liés que par un fil pour ainsi dire, comme deux perles d'un
collier. Les pattes sont longues, la tête, assez forte, est rehaussée par de longues antennes recourbées. La partie du
corps la plus curieuse est la tarière que les femelles ont à l'extrémité de l'abdomen. C'est une sorte d'organe semblable à
une épée creuse, longue, fine, élastique, enfermée dans un
étui, dont elles se servent pour pratiquer un trou dans lequel
elles pondent un œuf. La tarière est repliée sous le ventre tant
que l'animal n'a pas à en faire usage ; le moment de la ponte
venu, l'animal dispose sa tarière sur le prolongement de son
corps comme une queue.

Les observations de Malpighi.

Lorsque Malpighi, célèbre anatomiste italien (1629-1694),
fut pour la première fois témoin du manège de l'animal, celui-
ci se trouvait sur une branche de chêne dont les bourgeons
commençaient à se former. Il s'était attaché à la petite feuille,
qui sortait à peine de l'enveloppe solide du bourgeon entr'ouvert. Il tenait son corps ramassé sur lui-même en forme d'arc,
avait dégainé sa tarière dont il frappait à coups redoublés la
petite feuille. Puis, enflant son ventre, il faisait sortir par
intervalles de l'extrémité de sa tarière un œuf qu'il déposait.

En même temps que le cynips pique la feuille et pond son œuf, il verse dans la piqûre une goutte d'un liquide irritant ; c'est pour la plante une sorte de piqûre venimeuse, qui détermine une inflammation dont la conséquence est l'apparition de la galle. Tel cynips, telle inflammation, telle galle. Sur la même feuille, et par conséquent avec les mêmes éléments, les mêmes sucs, le même tissu, on voit deux cynips d'espèces différentes produire deux galles absolument distinctes : celle-ci avec une forme différente de celle-là ; l'une molle, aqueuse, spongieuse ; l'autre dure, sèche, ligneuse, ainsi qu'on voit se développer dans le corps d'un même animal des maladies diverses occasionnées par des virus différents.

Quelle que soit la nature de la galle, elle sert d'abri à une ou plusieurs larves qui y sont nées, y grandissent, s'y transforment, et en sortent lorsqu'elles ont subi toutes leurs métamorphoses et qu'elles sont devenues insectes parfaits. Selon l'époque où l'on ouvre la galle, on peut y trouver l'œuf, la larve ou la chrysalide. On peut même n'y rien trouver du tout, si l'insecte a déjà pris son vol, ce qu'on reconnaît à la présence de trous microscopiques qu'on voit à l'aide d'une loupe à la surface de la galle. C'est la porte de sortie par laquelle l'insecte s'est évadé.

Conclusion.

Ainsi, la naissance fortuite des vers des galles et des fruits n'est pas plus vraie que celle des vers de la viande. Nous avons fait un pas de plus en avant, et l'hypothèse de la génération spontanée en a fait un en arrière. Elle est semblable à un ennemi poursuivi, qui se retranche derrière chaque accident de terrain, et qui, à peine chassé d'un point, se réfugie sur un autre, reculant constamment sans se lasser, espérant qu'il sera en sécurité dans le dernier abri choisi.

Il semble d'ailleurs que la nature ait voulu épuiser toutes les ruses pour déjouer les recherches des savants. Ainsi, il est arrivé qu'en ouvrant une galle, on en a vu sortir des insectes tout autres que ceux qui devaient s'y trouver. Réaumur raconte qu'il a souvent vu à l'intérieur de la galle, là où devait se trouver un seul ver, deux vers de grosseur différente : le plus petit dévorait le plus grand, tandis que celui-ci rongeait la galle.

« De là, il arrive donc, dit-il, que, des galles d'une même espèce, on voit sortir des mouches d'espèces différentes, et souvent on est fort embarrassé pour décider laquelle de ces mouches vient du ver qui a occasionné la production de la galle, et laquelle vient d'un ver mangeur de l'habitant naturel de la galle. »

De semblables substitutions étaient bien faites pour dérouter les observateurs et leur laisser croire que certaines larves étaient nées dans la galle et de la substance même de la galle.

LES INSECTES PARASITES

Nous avons cité ailleurs[1] le singulier instinct de l'ichneumon qui le porte à pondre soit dans le corps d'une chenille, soit dans des œufs de papillon. Les ichneumons, on le sait, sont des insectes assez gracieux: la tête est fine et rehaussée par d'élégantes antennes, délicates, souples, déliées, d'une mobilité extrême, les yeux petits, vifs, étincelants, la taille élégante, svelte, l'abdomen un peu lourd : en voilà un portrait assez fidèle. Par un manège semblable à celui du cynips, il pond ses œufs tantôt dans le corps d'une larve, tantôt dans les œufs d'un insecte. Que l'on se figure, dit M. Blanchard, la surprise, la stupéfaction des premiers observateurs, en voyant sortir un ichneumon d'une chrysalide de papillon. Ils ne savaient rien encore de la vie des *parasites;* le fait dont ils étaient témoins demeurait pour eux sans explication possible. Réaumur

ICHNEUMON QUI POND SES ŒUFS DANS DES LARVES CACHÉES DANS L'ÉPAISSEUR DES TRONCS.

vit sortir d'une seule chenille du chou plus de quatre-vingts vers ; de Geer, le *Réaumur suédois,* comme on l'appelait, raconte

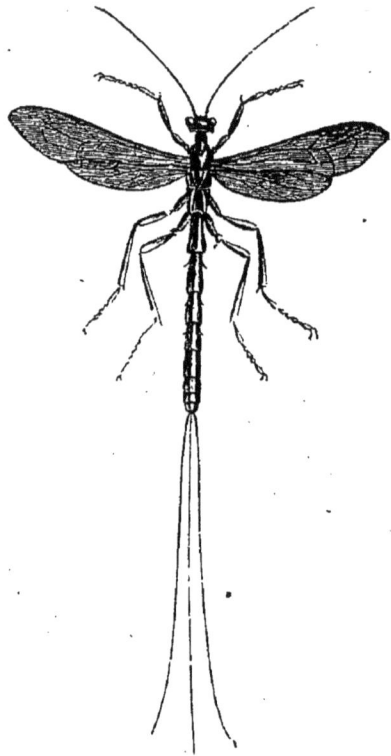

1. Voy. notre volume intitulé *De l'instinct et de l'intelligence.*

qu'on lui apporta un jour une feuille d'osier chargée d'œufs de papillon au nombre d'une soixantaine, et qu'il vit, au bout de quelques jours, sortir de ces œufs des larves d'ichneumon.

DE GEER [1]

Au premier moment, les partisans de la génération spontanée y trouvèrent leur compte. Les larves sorties du corps de la chenille étaient produites, selon eux, par la chenille qu'elles

1. De Geer, Charles (1720-1778), maréchal de la cour de Suède, naturaliste distingué, élève de Linné.

infestaient, comme autrefois les vers de la viande corrompue provenaient de la viande même, comme aussi les vers qui se trouvent dans notre corps. Leur triomphe fut de courte durée, car on connut bientôt après les mœurs des *parasites*. Il fallut renoncer une fois encore à croire que certains animaux peuvent naître par hasard, sans parents et sans sortir d'un œuf.

L'axiome d'Harvey : « tout animal vient d'un œuf » deve-

OPHION.

OPHION ICHNEUMON QUI POND SES ŒUFS
SUR LA PEAU DES CHENILLES.

nait tous les jours d'une application plus générale. Restait cependant encore à découvrir l'origine des animaux extrêmement petits, invisibles à l'œil nu, que le microscope permet seul d'observer, tels que les anguillules de la colle et du vinaigre, etc., et d'autres comme les vers solitaires, les vers intestinaux. Buffon, le célèbre Buffon, venu après Rédi et après Malpighi (1707—1788), dont il connaissait les expériences, prêta son appui à ceux qui croyaient à la naissance fortuite de certains animaux. Il raisonna comme ses devanciers et comme eux ne connut qu'une partie de la vérité.

Buffon attribua la naissance des anguillules, des vers,
etc., à des molécules appartenant aux êtres vivants, mais
qui n'étaient pas utilisées par ces derniers pour les be-
soins de la vie. Dès que ces molécules se trouvent en
liberté, disait-il, dans la matière des corps morts ou décom-
posés, leur activité se porte sur cette matière qu'elles

CHENILLE DÉVORÉE PAR DES LARVES D'ICHNEUMON.
CHENILLE COUVERTE DE COCONS D'ICHNEUMON.

remuent et dont elles s'approprient quelques particules
brutes pour former par leur réunion des êtres visibles ou des
êtres microscopiques. Cela se passe d'ailleurs aussi bien du
vivant de l'animal qu'après sa mort. Selon lui, ces mêmes
molécules engendrent, à l'aide des particules brutes des
aliments, les vers qu'on trouve dans notre corps.

BUFFON.

Toutefois, ce n'était pas sans raison que Buffon se prononçait. De son temps, deux hommes luttaient énergiquement l'un

SPALLANZANI [1].

en faveur de la génération spontanée, l'autre contre cette hypothèse. C'était l'Anglais Needham, physicien et naturaliste

1. Spallanzani (Lazare), célèbre naturaliste, né en 1729, à Scandiano, près de Modène, mort en 1799, fit des découvertes remarquables et publia des travaux importants, attira les étudiants de tous les pays à Pavie où il enseignait avec un grand éclat.

(1713-1781) et le célèbre Spallanzani, savant italien d'un très grand mérite. L'un et l'autre faisaient des expériences naturellement contradictoires. Spallanzani soutenait qu'il existe des germes de toute créature vivante, quelle qu'en soit la petitesse, quelle que soit la simplicité de son organisation, tandis que pour Needham, la naissance en était fortuite. Prenant des infusion de plantes, Spallanzani les faisait bouillir pour détruire les germes qui pouvaient s'y trouver, et on ne voyait rien de vivant apparaître après le refroidissement, elles restaient *stériles*. Mais, disait Needham, n'avait-on pas détruit, en même temps que les germes, la propriété de l'infusion, où bien l'air vicié par l'ébullition n'avait-il pas perdu la propriété d'entretenir la vie? La lutte resta donc sans issue jusqu'à nouvel ordre.

Les transmigrations du ténia [1].

Si un animal devait, par ses transmigrations et ses métamorphoses, dérouter les savants dans leurs recherches sur son origine, c'est assurément le ténia ou ver solitaire.

Admettons un instant qu'on ignore que ce ver, ou plutôt cette colonie animale, pond des œufs de trois à quatre centièmes de millimètres; que ces œufs avalés par un porc avec les débris de toutes sortes mêlés à sa nourriture y éclosent, et que l'animal qui en sort, après avoir traversé les parois de l'intestin du porc, se rend dans l'épaisseur des chairs où il élit domicile et s'enferme alors dans une coque de la grosseur d'un pois, dans laquelle il se change en une sorte de vésicule nommée cysticerque.

Ce n'est pas tout : le porc ainsi infesté servant de nourriture à l'homme, les cysticerques se transforment en ténias dans le corps de l'homme.

---

1 Voir notre volume intitulé : *Les infiniment petits.*

On n'imaginera pas certainement du premier coup, sans expérience préalable, que le cysticerque et le ténia sont le
même animal à deux âges différents. En effet, non seulement ils
diffèrent par la forme et la manière de vivre, mais ils vivent
dans des milieux distincts. Dès lors, quelle origine attribuer

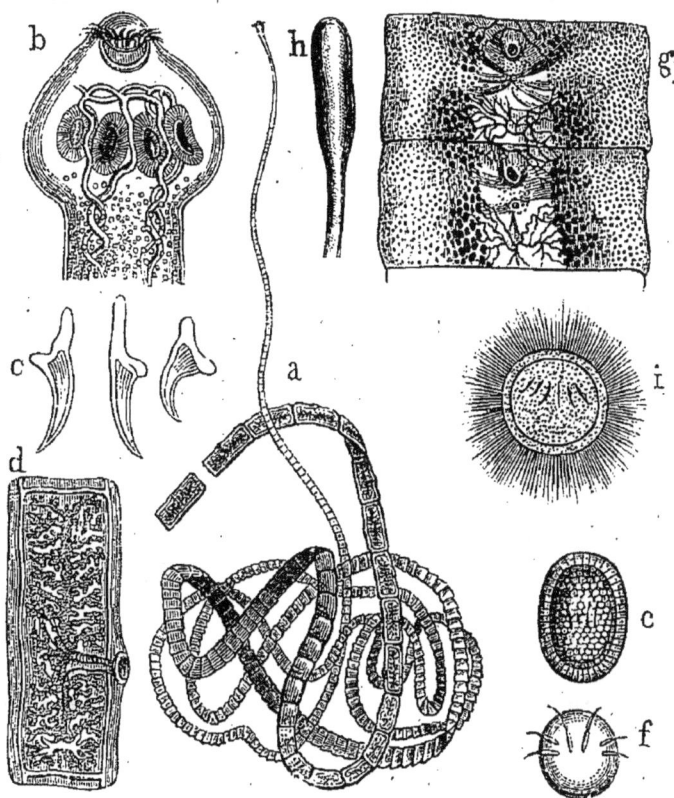

LE TÉNIA.

a, ténia entier. — b, sa tête. — c, les crochets isolés. — d, un des anneaux de son corps.
e, œuf. — f, larve.

au cysticerque et au ténia, dans l'ignorance où l'on est des
transformations de l'animal, du point de départ, — l'œuf, —
et du point d'arrivée, — le ténia, — et des liens qui les
unissent? On les regardera comme des animaux distincts, et
dans l'impossibilité d'en expliquer normalement la naissance,
on supposera que l'un et l'autre naissent fortuitement.

De nos jours, un savant allemand, Küchenmeister, et un sa-

vant belge, Van Beneden, ont suivi pas à pas l'animal dans ses
changements de forme et de *résidence*, et ont découvert le
mystère au détriment de la génération spontanée. Que de patience et d'adresse n'a-t-il pas fallu pour ce genre d'expériences! Des chiens furent nourris avec de la chair de lapins
infestés de cysticerques, puis sacrifiés à des intervalles de
temps différents, afin de suivre le développement du ver.
Un premier chien ayant été mis à mort peu de temps après le
repas, on trouva le sac du ver déchiré, et le ver lui-même déjà
installé dans l'intestin et fixé à la porte de sortie de l'estomac
(*pylore*). Dans le corps d'un autre chien, ouvert trente heures
après, les enveloppes avaient complétement disparu et les têtes
des vers, fixées à l'intestin, mesuraient plusieurs millimètres
de longueur. Au bout de trois semaines, on trouvait des vers
solitaires de 30 à 40 centimètres de long, qui n'étaient rien
moins que solitaires, puisqu'il y en avait plusieurs; enfin, deux
mois après, l'intestin d'un chien contenait des ténias parvenus
au terme de leur évolution et dont les articles se désagrégeaient.
Ces fragments féconds sont rejetés avec le résidu de la digestion.

La démonstration de la transformation du cysticerque du
lapin en ténia de chien était faite; restait ensuite à démontrer
que les œufs de ce ténia devenaient des cysticerques de lapin.
On mêla donc des *articles* de ténia à la nourriture des lapins
et on put voir, au bout de quelque temps, en égorgeant les
lapins, qu'ils renfermaient de nombreux cysticerques.

L'animal a donc été suivi à la piste dans toutes ses pérégri-
nations; il a été vu à ses divers âges, sous ses diverses formes.
On a successivement observé l'œuf contenu dans les fragments
de ténia, la ponte, le cysticerque, le ténia jeune, puis adulte,
puis donnant des œufs, et ainsi de suite.

Un grand nombre de savants ont répété et varié les expériences sur les mêmes animaux puis sur des animaux différents ; sur la souris et le chat, sur le mouton et le chien, même sur le porc et sur l'homme.

Le Dr Humbert entreprit de faire une expérience sur lui-même : il mêla à sa nourriture des morceaux d'un porc atteint de ladrerie, et trois mois après, il eut, comme il dit, la satisfaction de constater qu'il avait le ver solitaire.

꘎

La cause de la génération spontanée n'est jamais perdue, tant qu'il existe des êtres dont nous ignorons l'origine et le développement. Déjà la presque universalité des animaux sont soumis à la loi générale, ils naissent de parents semblables à eux et ils sortent d'un œuf. Il y a toujours continuité entre eux ; de père en fils la chaîne n'est pas interrompue ; toujours les nouveaux venus en supposent d'autres antérieurs et semblables. Qu'importe, il reste encore au plus bas degré de l'échelle animale des êtres qui méritent à peine ce nom, d'une grande simplicité d'organisation, d'une petitesse extrême, qui ont quelques traits de ressemblance avec les plantes. D'où viennent-ils ? Il faut le savoir, sinon on attribuera leur naissance à une agglomération soudaine de corpuscules matériels.

La génération des infusoires.

Or, il existe des êtres d'une petitesse extrême et qu'on a longtemps confondus sous l'appellation unique d'infusoires, parce qu'on ne les connaissait pas assez. On ne parvient à séparer les êtres, à distinguer des individus, à les grouper d'après leurs caractères communs qu'autant qu'on les connaît.

Prenez une pincée de foin ou de mousse, mettez-la dans l'eau, laissez-la séjourner, macérer; en un mot, faites une *infusion*. Si vous examinez alors une goutte de cette eau au microscope, vous y pouvez voir le plus souvent quelques-uns de ces petits animaux qu'on nomme des *infusoires*.

On devine qu'il doit s'en trouver dans toutes les eaux du globe, et particulièrement dans les eaux stagnantes. On les trouve en effet dans les mares, les étangs, les lacs, les ruisseaux où pullulent les plantes aquatiques, mais ils sont également répandus dans la mer, sur la terre et dans l'air. Dans les plaines les plus basses et jusque sur les glaciers, sur le tronc des arbres, dans l'herbe des prairies, et dans l'intérieur même du corps des animaux. Aucun point du globe ne leur est inaccessible, et là où la vie semble disparaître par suite des conditions défavorables, l'animalcule vit encore. Il semble indifférent au froid et à la chaleur, et supporte sans mourir des températures extrêmes auxquelles aucun autre animal ne saurait résister.

Ces êtres ne sont pas moins variés que ceux que nous voyons de nos yeux; il

INFUSOIRES DIVERS.

convient de les nommer *microzoaires* (petits animaux) ou *protozoaires* (premiers animaux), selon que l'on considère leur taille ou leur organisation élémentaire.

On ne les rencontre pas tous dans les mêmes lieux; ils vivent dans des régions différentes où les conditions d'existence sont différentes, tout comme les grands animaux. Si petits qu'ils soient, ils ont leur place marquée, leur habitat de prédilection, où ils vivent et se développent plus ou moins, selon

que les conditions leur sont plus ou moins favorables. Les uns
habitent les ruisseaux, dont la surface nous est perfidement
cachée par les innombrables lentilles qui forment un magnifique tapis d'un vert cru, où se balancent les conferves chevelues ; d'autres vivent dans cette poussière à reflets d'iris qui
recouvre certaines eaux stagnantes ; d'autres peuplent les
mers qu'ils illuminent parfois de lueurs phosphorescentes.

Tous ces êtres sont petits, mais ils diffèrent de petitesse :
il n'y a pas moins de variété de taille chez eux que chez
les gros animaux. Depuis la monade qu'on distingue à peine
à l'aide des microscopes les plus puissants, jusqu'au
volvox géant, il y a tous les degrés dans la petitesse ; l'é-
chelle s'étend de deux millièmes de millimètre à deux
dixièmes de millimètre, et pourtant nous ne sommes pas
encore parvenus à voir les plus petits.

NOCTILUQUES MILIAIRES.
Animalcules phosphorescents (très grossis).

La forme de ces petits êtres n'est pas moins variée que leur
grandeur. Il y en a de ronds, d'elliptiques, d'ovales ; il y en a
qui sont semblables à de petits bâtonnets, à de petits serpents,
à des fleurs. La chair en est molle, blanchâtre, élastique et
contractile.

Tout ce monde s'agite, se meut, vibre, frétille, court, nage,
ondule dans tous les sens, souvent avec une grande vitesse, si
l'on tient compte de la petitesse des animalcules et des obstacles
qu'ils rencontrent, car ils sont parfois si nombreux qu'ils se
touchent. A les voir si vifs et si agiles, on croirait qu'ils
se meuvent dans un espace considérable. La goutte d'eau qu'on
observe semble s'étendre à mesure qu'elle se peuple et prend
dans notre imagination des proportions énormes.

Il en est qui vivent d'une façon intermittente, que la sécheresse immobilise dans un état de mort apparente et que l'humidité rappelle à la vie. Selon les circonstances, ils résistent plus ou moins aux causes de destruction : ainsi tandis qu'ils meurent, si on les expose à une température de 50 degrés, ils supportent bravement 130°, si l'on a soin de les dessécher d'abord et de les soumettre à une température élevée pendant qu'ils sont en léthargie.

彐屯

Tout est curieux, tout est étrange et mystérieux dans ce monde des infiniment petits : la naissance et la mort, le mode d'existence, de développement et de reproduction. La nature est loin d'avoir épuisé ses ressources avec les grands animaux; on la retrouve ici aussi féconde, aussi nouvelle, aussi ingénieuse dans ses procédés que si elle n'avait encore rien enfanté. Le problème de la vie est varié de cent, de mille manières, et chaque fois résolu par des moyens imprévus. Les données sont changées, les conditions sont différentes, qu'importe : la solution ne se fait pas attendre et elle cause toujours autant d'étonnement que d'admiration.

彐屯

De tels êtres devaient longtemps défier le regard pénétrant de l'observateur. On a beau armer son œil du miscroscope, on a beau multiplier les grossissements, il ne suffit pas pour voir de bons yeux ou d'un bon microscope : il faut savoir voir. A cette condition seule on devient observateur. La légèreté, la mobilité, la souplesse des doigts ne font pas tout le pianiste. Les organes et les instruments, si parfaits qu'ils soient, doivent être dirigés par l'intelligence. C'est l'esprit qui anime la main et lui fait rendre l'expression et le sentiment; c'est lui qui voit par nos yeux comme il sent par chacun

de nos organes qui sont ses instruments, ses outils, ses intermédiaires avec le monde extérieur.

Un esprit vit en nous et meut tous nos ressorts.

Comment s'étonner dès lors que, même parmi les savants,
les uns voient juste, tandis que d'autres, emportés par leur
imagination, voient au delà.

Les découvertes de M. Balbiani.

Ces êtres se multiplient d'une manière prodigieuse et par
des moyens divers, mais d'abord par des œufs. Balbiani a découvert en 1858 les œufs des paramécies, il a vu les embryons
se développer dans le corps de l'infusoire mère et s'échapper
au dehors. Ainsi ces êtres placés au plus bas de l'échelle animale, et par l'exiguïté de leurs dimensions et par la simplicité
de leur organisation, sont néanmoins soumis à la loi générale.

Pour eux comme pour les autres êtres, il n'y a pas de
génération fortuite, mais pour eux il existe d'autres modes de
reproduction dont ne jouissent pas les animaux supérieurs :
par exemple, les reproductions par *scission* ou coupure. L'a-
nimal s'amincit vers le milieu de son corps, bientôt le corps
s'étrangle, se rompt, et deux êtres nouveaux sont ainsi nés
du premier. Chacun des fragments, après avoir atteint les li-
mites de son développement, devenu en quelque sorte adulte,
se subdivise à son tour. Les choses se passent comme dans la
segmentation de l'œuf. A chacun de ces fractionnements
prend part le noyau central de leur corps. Quel que soit le
mode de reproduction, par des œufs ou par scission, il suppose toujours des parents. La paramécie provient soit d'un œuf

de paramécie, soit d'un fragment de paramécie. Si tout animal ne vient pas d'un œuf, il tire toujours son origine d'un être semblable à lui. Les infusoires sont soumis à la règle générale; la loi est unique, elle est la même pour les humbles comme pour les superbes. Le hasard n'est pour rien dans ce monde infime non plus que dans tout l'univers.

La reproduction par scission est-elle d'ailleurs si différente de la génération ovipare? la division du corps de l'animal n'est-elle pas semblable à la segmentation du germe? Les paramécies peuvent être regardées comme des cellules, c'est-à-dire des êtres vivants au plus haut degré de simplicité. Or, dans le fractionnement de l'animalcule, on voit le noyau central de leur corps, qui en est en quelque sorte le germe, prendre part à la division.

※ ※

Ce qui montre que le mode de génération par division ou partage n'est qu'un mode accessoire, c'est qu'il n'est pas continu; il cesse de lui-même au bout d'un certain nombre de générations, après quoi revient la reproduction par des œufs. La paramécie, par exemple, se multiplie par des divisions successives un certain nombre de fois, au delà duquel la multiplication cesse, lorsqu'elle a pour ainsi dire épuisé la somme de force créatrice qu'elle possédait en la répandant sur un plus ou moins grand nombre de fragments. Alors commence la reproduction par des œufs qui semble raviver, renouveler la puissance vitale dont l'œuf est en quelque sorte un réservoir. Puis la division recommence.

Au fond, la vraie génération est la génération par les œufs. L'œuf seul contient un être entier en puissance, il le crée, de toutes pièces, et cette création ne dépend pas de la matière dont l'œuf est composé, car il ne s'agit pas ici des propriétés de la matière en elle-même ou des propriétés qui résultent de la constitution, de la texture des corps. L'œuf n'est pas seulement quelque chose qui existe, qui est, c'est quelque chose qui *doit être;* ce n'est pas seulement le présent, c'est aussi l'avenir. Or, les propriétés de la matière permettent jusqu'à un certain point de rendre raison des actions chimiques ou physiques qui se produisent; elles ne sauraient expliquer les propriétés futures des organes et celles d'un être entier.

Nous sommes témoins de l'apparition d'un animal qui n'existait pas, nous voyons des organes se former pour ainsi dire sous nos yeux, mais ces phénomènes produits à l'aide de la matière ne sont pas produits par la matière; pas plus que les manifestations de la pensée ne sont produites par la matière du cerveau, quels qu'en soient d'ailleurs le poids, la forme et l'arrangement. La pensée pour se produire a besoin du cerveau, comme l'horloge est nécessaire pour mesurer le temps, comme l'œuf est indispensable pour la création d'un animal ; est-ce à dire que la substance du cerveau, ou le métal des organes de l'horloge, ou le jaune et le blanc de l'œuf produisent les phénomènes que nous voyons ? On ne peut affirmer que ce qu'on voit; or, on voit des phénomènes se produire et ne se produire qu'avec de la matière. Mais si la matière est nécessaire aux phénomènes, si elle leur permet de se manifester, elle ne les produit pas.

Le polype de Trembley.

Revenons à la génération par scission. Elle était connue bien avant qu'on l'eût observée chez les paramécies, les kolpodes, en un mot, les infusoires. En 1739, un naturaliste hollandais, Trembley (1700-1784), avait étonné le monde savant en faisant connaître un fait des plus étranges. Il avait observé un polype, l'hydre d'eau douce, qui consiste en un corps en forme de tube fermé à une extrémité, ou en un sac dont l'ouverture est entourée de tentacules, sortes de prolóngements très fins, au nombre de huit, disposés symétriquement autour de l'ouverture. Ces tentacules sont longs, souples,

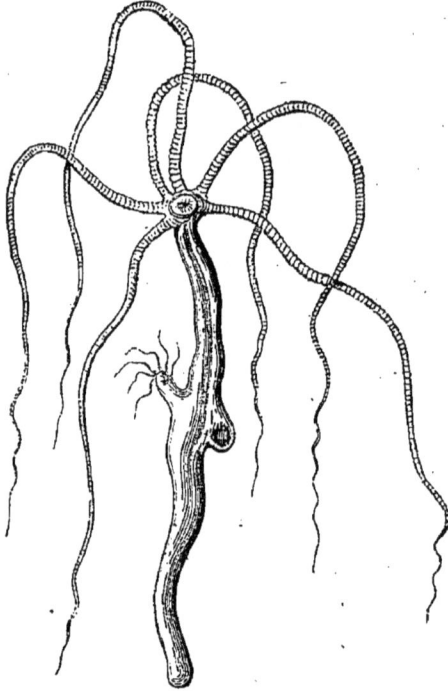

HYDRE OU POLYPE A BRAS, DE TREMBLEY.

déliés; ils servent à l'animal de bras et de mains, en un mot d'organes destinés à saisir la proie dont se nourrit la petite bête. L'ouverture unique sert de bouche; elle sert également à rejeter les résidus de la digestion. C'est une des organisations les plus simples, les plus élémentaires.

Ce singulier animal peut être retourné comme un gant; l'intérieur devient alors l'extérieur, sans que les fonctions de l'animal en paraissent troublées. Il faut des soins et de la

patience pour faire sur un être aussi fragile une expérience
aussi délicate.

Trembley ayant coupé en deux un de ces polypes, fut surpris
de voir chaque morceau se développer, s'agrandir, acquérir
des tentacules, si bien qu'au bout de peu de jours chacun des
morceaux était devenu une hydre semblable à l'hydre mère. Il
répéta l'expérience en divisant l'animal en un grand nombre
de parties, et chacune de ces par-
ties se transforma en un animal
complet semblable à celui qui avait
été divisé. Depuis Trembley, l'expérience a été souvent renouvelée et
elle a toujours réussi. Chaque fragment du polype est à lui-même son
œuf, si l'on peut s'exprimer ainsi.

Les expériences de Bonnet sur les naïdes.

BRAS ET ŒUFS DE L'HYDRE.
B, bras très grossi. — C, une des
capsules articulées. — D, œuf d'hive
très grossi.

Bonnet fit la même expérience
sur les naïdes, sorte d'annélides,
animal assez semblable au ver de
terre ou lombric, pourvu de filaments qui lui servent à se déplacer. Vers de terre ou naïdes coupées
en deux donnent, au bout de trois
jours environ, naissance à deux animaux complets semblables
à celui qui a été divisé. Coupées en quatre, en huit, en dix, en
vingt parties, elles donnent autant de naïdes et de naïdes
complètes avec leur système nerveux, leurs divers organes,
leurs vaisseaux. Bonnet trancha la tête d'une naïde et au bout
de quelques jours la tête se reproduisit. Il recommença, et

la naïde se créa une nouvelle tête; nouvelle décapitation,

BONNET [1].

nouvelle reproduction de la tête, et cela jusqu'à douze fois de suite.

1. Bonnet, Charles, célèbre naturaliste né à Genève en 1720; mort à Genève, en 1793. Il fit à l'âge de vingt ans la belle découverte de la reproduction des pucerons et publia de nombreux et remarquables travaux sur les insectes. Sa vue affaiblie ne lui permettant pas de continuer ses recherches, il se rejeta sur les études philosophiques et publia de nombreux ouvrages sur les questions de philosophie

Reproduction des pattes chez la salamandre.

Chez d'autres animaux d'un ordre plus élevé, dont les organes sont plus nombreux et les fonctions plus distinctes, on remarque des reproductions partielles. Ainsi, en coupant la patte d'une salamandre, cette sorte de petit lézard aquatique,

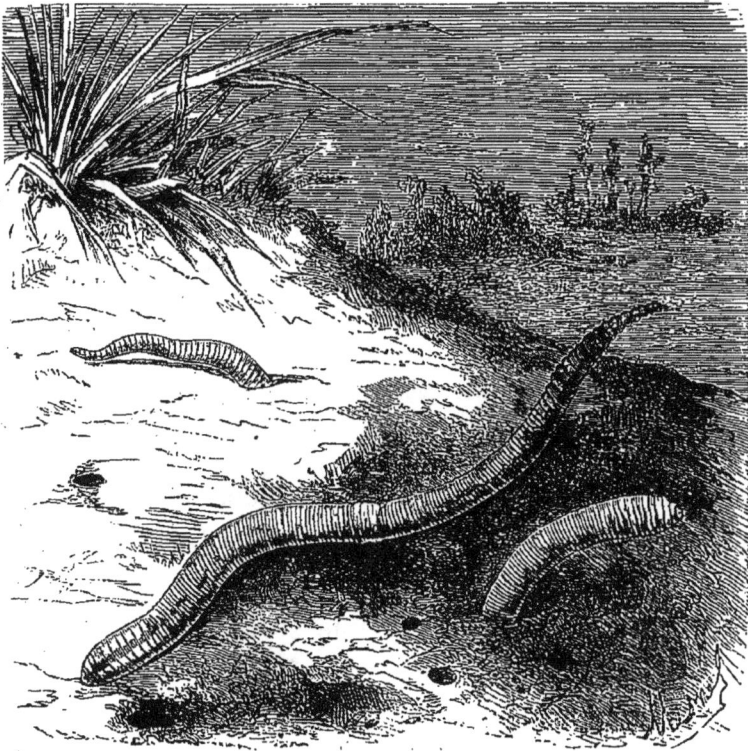

LOMBRIC OU VER DE TERRE.

on en voit naître une nouvelle qui se développe peu à peu, comme une sorte de bourgeon, et qui est complète au bout de deux mois et demi environ. Si on examine cette nouvelle patte, on remarque qu'elle est de tous points semblable à la première; qu'elle renferme des os, des muscles, des nerfs, des vaisseaux, etc., en même nombre, présentant les mêmes dispositions. Coupée une seconde fois, une troisième, elle renaît, elle repousse pour ainsi dire, et cela quelle que soit la partie retranchée. La partie retranchée seule se reproduit; la patte se complète, le membre se répare. Si l'on vient à détacher l'épaule avec le bras, la reproduction cesse. Il semble que la force de reproduction se trouve à la base du membre, dans le voisinage de l'omoplate ou dans l'omoplate même.

On peut également faire l'amputation de la queue et être témoin de la renaissance totale ou partielle de cette partie du corps.

Les choses ne se passent plus de même chez les animaux supérieurs : aucune partie amputée ne se reconstitue; l'animal tout entier peut seul être reproduit, mais au moyen de l'œuf et de l'œuf seul dans lequel toute la puissance vitale est conconcentrée.

Les bourgeons d'animaux.

Nous n'en avons pas fini avec les modes de générations : ces mêmes paramécies, qui sont ovipares et fissipares ou scissipares, se reproduisent encore par des bourgeons. En un point de l'animalcule se forme une sorte d'excroissance, de bouton qui grossit, et, d'abord massif, puis creux, finit par acquérir la forme de l'animalcule. Alors il s'en détache comme un fruit parvenu à maturité. Les naïdes se reproduisent également par des bourgeons.

Le mode de bourgeonnement des syllis est assez singulier. Ce sont aussi des annélides comme les naïdes. On voit à certains moments la syllis s'allonger en s'augmentant de quelques anneaux; puis, le premier de ces anneaux devient une tête, les antennes poussent, les yeux se forment, et pour

tant la mère et l'enfant qui, disons-le, ne se ressemblent
pas, sont encore étroitement unis; des intestins uniques les
parcourent et la même peau les enveloppe. Malgré cette
étroite union, les deux syllis manifestent une certaine indé-
pendance. On les voit quelquefois chercher à se mouvoir en
sens contraires, et la mère l'emportant dans la lutte entraî-
ner son enfant avec elle.

Avant de se séparer, la jeune syllis se remplit d'œufs au
point de doubler de grosseur. Les œufs croissent, et bientôt
les deux syllis se séparent.

On le voit encore par ce nouvel exemple, la génération par

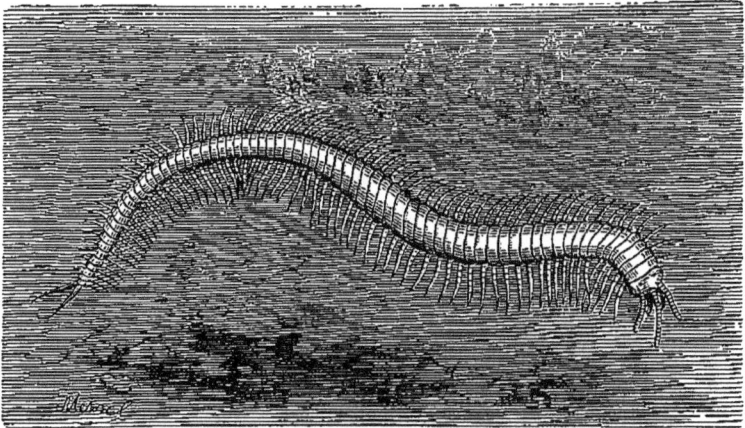

LA SYLLIS.

bourgeons n'est pas permanente, elle cède la place à la génération par les œufs.

Lorsque les œufs sont mûrs, l'animal est en quelque sorte
un sac d'œufs trop plein. Il crève, et les œufs se répandent.

※

Les polypes se reproduisent également par des bourgeons,
et il n'est pas rare de voir l'hydre d'eau douce, le polype de
Trembley, portant de nouveaux bourgeons qui se détachent

simultanément lorsqu'ils sont complètement formés. Les animaux bourgeons sont ovipares, car toujours il faut en revenir à l'œuf.

Les méduses qui flottent à la surface des mers sont des polypes à une certaine phase. Elles pondent des œufs. De ces œufs sortent des larves bordées de cils très fins. Celles-ci se meuvent pendant un certain temps après lequel elles se fixent, se développent, s'allongent, se transforment en polypes, sur lesquels naissent des bourgeons qui deviennent autant de polypes. Au bout d'un certain temps, sur la même tige mère, naissent et croissent de nouveaux bourgeons qui se transforment en méduses, lesquels se détachent comme des fleurs dont les tiges se rompraient soudainement. Elles

HYDRE OU POLYPE D'EAU DOUCE (grossie)

L'hydre est fixée sous une lentille d'eau. En réalité, c'est un groupe de trois hydres. Deux individus sont détachés et un troisième est sur le point de l'être, à l'endroit où il est lié.

vivent alors indépendantes, tandis que le polype fixe qui leur a donné naissance continue son existence. Ainsi se succèdent les œufs, les polypes, les bourgeons, et les choses recommencent.

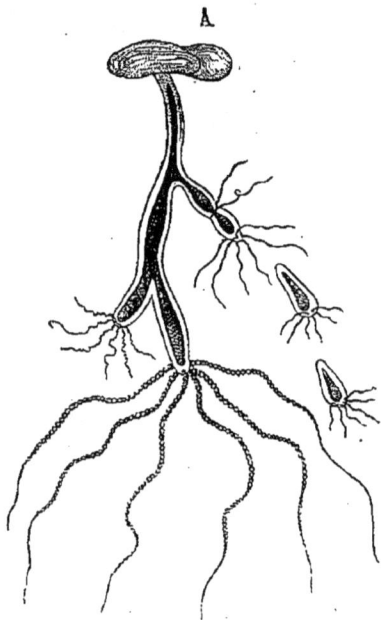

᚛᚜

Nous pouvons répéter maintenant : tout être vivant vient d'un être vivant; cette vérité n'a rien perdu de son autorité. Il ne semblait pas, en effet, après tout ce qui vient d'être dit, qu'il pût encore être question d'êtres vivants nés sans parents, lorsque la discussion fut reprise entre M. Pasteur et M. Pou-

chet. Les expériences de Spallanzani ont été renouvelées dans des conditions meilleures et avec des appareils plus délicats et plus précis.

Il n'est plus question d'ailleurs de la génération spontanée des animaux, mais de celle des œufs ou des germes. Nous avons démontré qu'un individu adulte, tout formé, ne peut naître fortuitement, fût-il un infusoire, un infiniment petit. Nous avons vu, en effet, que la reproduction de tous les êtres, grands et petits, se fait par des œufs, par des bourgeons ou par division. La production spontanée des œufs, ou des germes — œufs ou germes d'animalcules s'entend, — ne serait-elle pas possible?

L'œuf est-il donc d'une organisation plus simple que celle de l'animal qui doit en sortir? Assurément non, puisqu'il le renferme en puissance, puisqu'il est le siège d'une évolution qui doit faire d'un germe un animal. Nous avons dit plus haut : l'œuf n'est pas seulement le présent, il est l'avenir. Nous dirons maintenant : l'œuf n'est pas seulement le présent et l'avenir, il est le passé. Il a son origine dans des êtres qui l'ont précédé et dont il tire sa puissance vitale et le principe de ses transformations successives. L'œuf est une conséquence de l'être duquel il provient; on ne peut pas supposer l'existence d'œufs ni de germes sans admettre en même temps l'être antérieur ou les êtres antérieurs dont il est en quelque sorte un résumé.

L'expérience a d'ailleurs prononcé : les germes comme les animaux dont ils proviennent ne naissent pas par hasard. Ajoutons que jamais expériences n'avaient été exécutées dans des conditions meilleures, c'est-à-dire avec plus d'ingéniosité, de précision, de sûreté. Nous voulons parler des expériences instituées par M. Pasteur pour démontrer que l'air tient en suspension la foule des germes infusoires divers. Même parmi les adversaires de M. Pasteur, aucun n'a émis un doute sur sa valeur comme savant et son habileté comme expérimentateur.

Si les œufs et les germes ne naissent pas fortuitement, s'ils ne sont pas le résultat d'une génération spontanée, d'où viennent-ils ? où sont-ils ?

Dans une chambre complètement obcure, nous pratiquons un trou dans l'épaisseur d'un des volets. Lorsque le soleil pénètrera dans la chambre par ce trou, nous pourrons en suivre la trace dans l'air. En y regardant de près, on s'aperçoit que ce n'est pas la lumière que l'on voit, mais bien les corps qu'elle éclaire. Le rayon de soleil illumine sur sa route la multitude infinie des débris microscopiques qui composent la poussière. Enlevez cette poussière, épurez l'air de la chambre, tamisez-le, et vous verrez diminuer l'éclat du rayon solaire. Chaque corpuscule reçoit une petite somme de lumière qu'il réfléchit tout autour de lui. Il donne un corps à la lumière, il la matérialise, pour ainsi dire, et la rend visible; en même temps, il l'éparpille et éclaire l'espace qui l'environne. Cette nuée de parcelles flottantes provient en partie de tous les objets environnants. Le microscope permet d'y reconnaître les brins de laine du tapis, les fragments de bois de la table et du parquet, les parcelles de plâtre du plafond, etc. Parmi ces menus débris, s'en trouvent d'autres plus petits encore, grains de pollen, d'amidon, semences de champignons, œufs d'infusoires, corpuscules divers qui forment, selon l'ingénieuse expression d'Ehrenberg, « la voie lactée des organisations inférieures. »

L'air le plus transparent, le plus limpide contient cette poussière en suspension. Si l'air est calme, il la dépose, s'il est agité, il la soulève et la fait tourbillonner, puis la dépose de nouveau. Tous les objets, tous les corps en sont recouverts, en quelque lieu que ce soit, à l'intérieur de nos habitations, sur

UN RAYON DE SOLEIL.

les meubles, à l'extérieur, sur les saillies formées par les moulures, les corniches. Hors des lieux habités, on la trouve encore sur l'herbe des champs et sur la neige des glaciers. Aussi il est très facile de la recueillir et très difficile de l'éviter.

Comment on saisit les Corpuscules.

Un moyen commode pour les saisir consiste à prendre des plaques de verre, à les refroidir en les mettant en contact avec un morceau de glace, puis à exposer ces plaques pendant quelques secondes soit à l'intérieur des habitations, soit à l'air libre comme l'ont fait Lemaire, en France, et Salisbury, en Amérique[1]. Sur le verre froid, la vapeur d'eau contenue dans l'air se dépose sous forme de buée qui se liquéfie. Dans les gouttelettes d'eau qu'on obtient ainsi, se baignent la foule des corpuscules animés ou inertes. Il ne s'agit donc plus que d'explorer une de ces gouttelettes au microscope. Tout s'y trouve mêlé, confondu, et le microscope ne suffit même pas pour tout discerner; la chimie doit venir à son aide pour reconnaître l'amidon qui s'y trouve en abondance. .

Les plaques de verre ont été exposées au bord des ruisseaux, des lacs, des mares; dans les jardins, dans les bois, dans les lieux habités, dans les casernes, les hôpitaux, les écoles, etc. Partout on a constaté la présence des êtres animés les plus simples, les plus primitifs, microzoaires et microphytes, d'autant plus nombreux que les lieux où on les a recueillis sont plus bas et plus humides et par conséquent plus malsains.

En examinant le mucus du nez, le corps qui lubrifie les oreilles, les dépôts qui recouvrent les dents, la salive, la surface de la peau, on a retrouvé ces mêmes corpuscules animés. Ils sont suspendus dans l'air où tout corps humide les saisit, les fixe, comme l'eau répandue sur le sol fixe la poussière.

Voulez-vous saisir ces corpuscules à l'aide d'un autre procédé? Faites passer de l'air à travers un filtre, de telle sorte qu'il abandonne sur le filtre les corpuscules qu'il transporte. Quel tissu assez serré présentera un obstacle suffisant au passage des corpuscules, quel filet nous permettra de pêcher ainsi dans l'air la multitude des invisibles? C'est le coton qui va nous servir de filtre : avec ses nombreux filaments enchevêtrés, il présente mille obstacles aux corpuscules aériens qui se pressent, se heurtent, se fixent à tous les brins,

---

1. Voir notre volume intitulé : *Les infiniment petits.*

tandis que l'air continuant librement sa marche au travers sort épuré du filtre. (Schwann, Schrœder, Dusch).

Comment reconnaître ensuite sur le coton microphytes, microzoaires et poussières diverses? Examiner le coton serait un moyen; il y a mieux. Le coton dont on se sert est du coton poudre. Il a le même aspect, la même constitution physique que le coton ordinaire, mais sur celui-ci il présente un avantage: il se dissout dans un mélange d'alcool et d'éther comme un morceau de sucre se dissout dans l'eau. Or, une fois dissous, tous les corpuscules se trouvent dans le liquide, et l'on peut les examiner à loisir, en prenant une goutte de la dissolution et en l'observant au microscope.

Ce second moyen, comme le premier, a permis de s'assurer qu'il existe dans l'air les germes des êtres qu'on rencontre dans les infusions, et que ces germes sont particulièrement abondants dans les lieux bas et humides.

Comment se peuplent les infusions.

Une fois l'existence des germes dans l'air mise hors de doute, il ne restait plus qu'à savoir si les êtres qui peuplent les infusions s'y sont spontanément développés ou s'ils proviennent des germes répandus dans l'air.

C'est dans ce but que M. Pasteur fit les expériences dont il va être question. Des infusions, ou simplement des liquides prompts à s'altérer, et qui se peuplent rapidement de microphytes ou d'animalcules, furent préparées. Les unes, exposées à l'air libre, se peuplèrent. On y trouvait les germes tombés dans l'infusion ainsi que ceux qui y étaient déjà. Les autres, mises en rapport avec de l'air filtré, se peuplèrent également d'organismes, mais dont les germes se trouvaient déjà dans l'infusion. Ce sont les mêmes un peu moins nombreux, puisque ceux qu'aurait pu apporter l'air ne s'y trouvaient pas. On retrouve ces derniers dans le coton qui a servi de filtre, après toutefois qu'on s'est assuré que le coton n'en contenait pas lui-même avant l'expérience.

Dans une nouvelle expérience, une infusion est chauffée jusqu'à ce qu'elle entre en ébullition, afin que les germes qu'elle renferme soient détruits ; on dispose en outre les choses de manière que l'infusion ne soit en rapport qu'avec de l'air filtré, et on laisse refroidir. Dans ce cas, aucun organisme né se montre ; l'infusion reste, comme on dit, stérile. Et en effet, les germes que le liquide pouvait contenir sont morts par suite de l'ébullition du liquide ; ceux qui pouvaient lui venir de l'air ont été arrêtés par le coton.

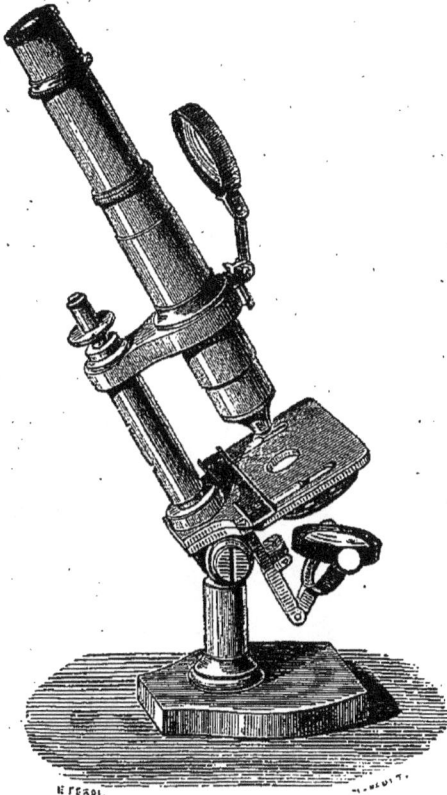

MICROSCOPE.

Cette même infusion stérile peut devenir féconde : il suffit pour cela de la mettre en rapport avec l'air non filtré. Aussitôt on voit les microphytes ou les microzoaires apparaître. Ou bien, on peut encore prendre quelques brins du coton qui a servi de filtre et les laisser tomber dans l'infusion. On verra

UNE GORGE DU JURA.

alors l'infusion se peupler. On reconnaîtra même parmi les
organismes ceux qu'on avait pu voir en dissolvant le coton et
en examinant une gouttelette du liquide. C'est un véritable
ensemencement.

Il existe une substance plus précieuse encore que le coton
pour ce genre d'expérience, c'est l'amiante. Ce minéral, car
c'est un minéral, est composé de fils brillants qu'on prendrait
pour des fils de soie. On peut en former une bourre et s'en servir
comme de filtre ainsi qu'on fait du coton. L'avantage qu'a l'a-
miante sur le coton est de pouvoir être exposé impunément au
feu, l'amiante étant incombustible. Dès lors, si on laisse tomber
dans le liquide les brins d'amiante qui ont fait partie du filtre,
on ensemence l'infusion ; si avant de les plonger, on les passe
au feu, l'infusion reste stérile. C'est donc bien le filtre, il n'y a
pas à en douter, qui apporte les germes qui se développent
dans l'infusion.

L'air est peuplé de germes.

Oui, l'air est le grand réceptacle des corpuscules, des
organismes. En voulez-vous une preuve nouvelle ? Voyez la
différence que présente l'air calme et l'air agité ; dans l'air
calme, les corpuscules ont été déposés en grande partie, un
petit nombre flottent encore ; dans l'air agité, c'est le contraire.
Or, des ballons contenant un liquide altérable, placés dans les
caves de l'observatoire, vastes et profondes, et où l'air est
calme, n'ont rien fourni à fort peu près, tandis que d'autres,
contenant le même liquide que les premiers, exposés dans la
cour du même établissement, se sont peuplés d'organismes.

Enfin, on peut prévoir que l'air des montagnes doit contenir
moins de germes que celui des plaines environnantes, et d'au-

tant moins que les montagnes sont plus élevées. Les orga-

M. PASTEUR [1].

nismes doivent surtout abonder dans la couche d'air voisine

1. Pasteur, Louis, né en 1822, à Dôle (Jura.) Entré à l'école normale supérieure en 1843, agrégé des sciences physiques en 1846, docteur en 1847, il fut professeur au lycée de Dijon (1848), puis à la Faculté de Strasbourg (1849), à celle de Lille (1854), directeur des études à l'école normale supérieure (1857) et enfin professeur à la Sorbonne.

M. Pasteur s'est fait connaître par des travaux de premier ordre sur la chimie moléculaire, sur les fermentations, sur les maladies du vin, de la bière, du vinaigre, des vers à soie, et, enfin, dans ces derniers temps, sur les maladies contagieuses. Il est membre de l'Académie des sciences depuis le 8 octobre 1862 et de l'Académie française, depuis octobre 1881, grand croix de la Légion d'honneur, et a reçu de l'Assemblée nationale, une pension viagère de 12 000 fr. francs comme récompense nationale.

du sol. C'est pour vérifier ces prévisions que M. Pasteur se rendit dans les montagnes du Jura d'abord, avec un très grand nombre de ballons contenant le liquide altérable. Parvenu à une certaine hauteur, il ouvrait un ballon ; plus haut, il en ouvrait un autre, et ainsi de suite, à mesure qu'il gravissait les pentes, jusqu'à la hauteur de 850 mètres qui marquait la limite de cette première ascension.

Le résultat fut conforme aux prévisions (expériences du 5 novembre 1860). Un petit nombre de ballons renfermaient des organismes, c'étaient ceux qu'on avait ouverts au pied de la montagne ; le liquide contenu dans les autres resta stérile. A partir d'une certaine hauteur, il n'y a plus dans l'atmosphère que les rares corpuscules qu'entraînent les courants d'air. La nuée des corpuscules forme une couche voisine du sol.

Une seconde série d'expériences fut faite à Montanvert, près de la *mer de glace*, à une hauteur de deux kilomètres environ. Un grand nombre de ballons fermés, contenant le liquide altérable, furent transportés et ouverts seulement à la mer de glace. Dans un seul sur vingt on trouva le liquide fertilisé.

Résumé.

Oui, les germes sont dans l'air, ils s'y trouvent selon le cas plus ou moins nombreux, ils ont des habitats de prédilection, mais ils sont partout. Ils peuvent se multiplier avec une rapidité extrême, et dès lors leur nombre peut varier à des intervalles de temps très courts. Leur présence dans l'air n'altère pas plus la transparence de l'atmosphère que les myriades de corpuscules qu'éclaire un rayon de soleil. Le dernier refuge de la génération spontanée est détruit : les plus petits, les plus humbles n'échappent pas à la loi générale. Nul ne naît sans parents et la presque totalité des êtres viennent chacun d'un œuf, comme la plupart des plantes viennent chacune

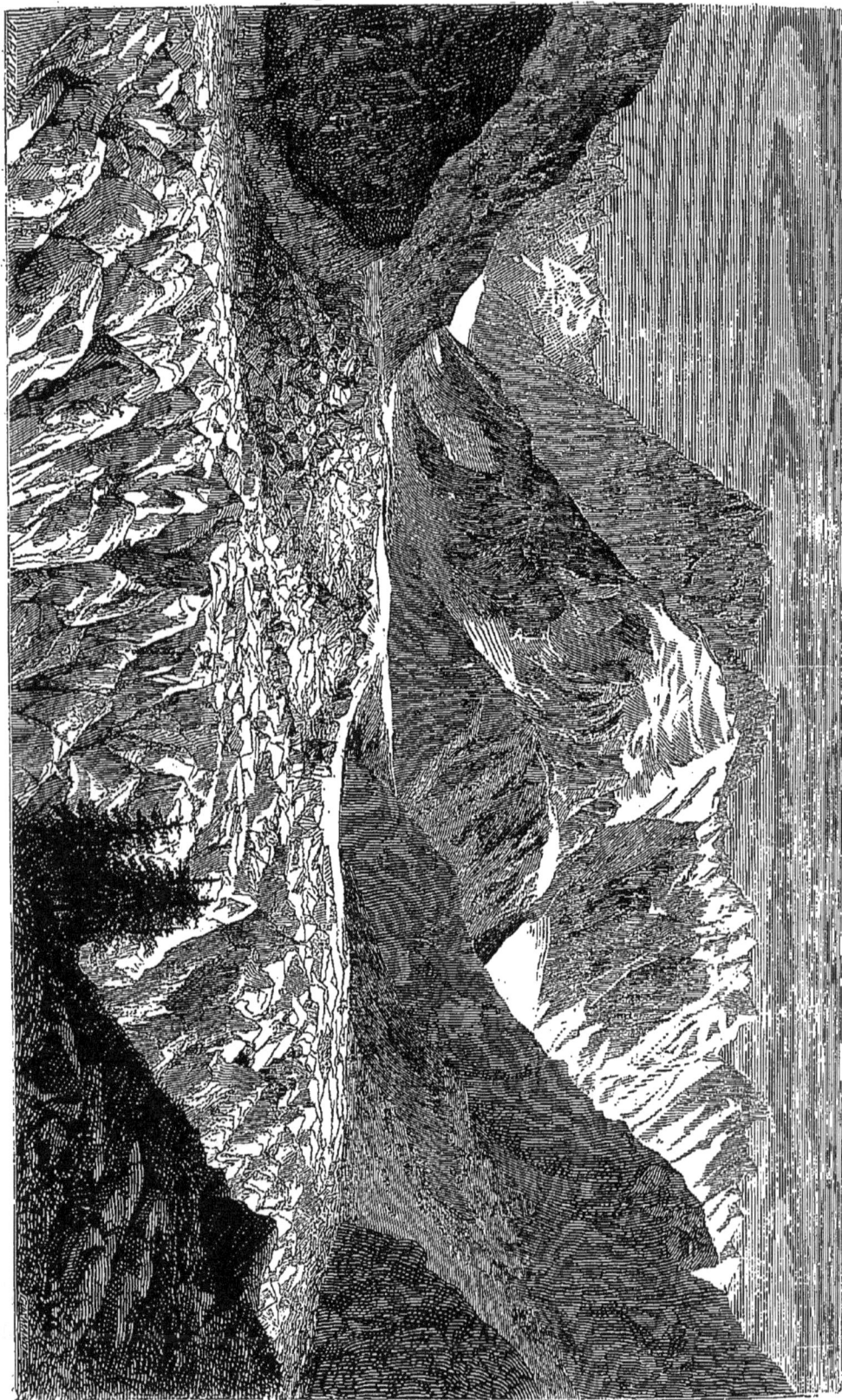

LA MER DE GLACE.

d'une graine ou d'une semence analogue. Certains végétaux peuvent être reproduits par d'autres moyens, et quelques animaux inférieurs se reproduisent de même; mais la bouture suppose toujours l'arbre d'où on a détaché la branche, et lorsqu'une bactérie se multiplie par des divisions successives, il faut bien une première bactérie qui soit la mère de toutes les autres.

Les anciens ont cru à la génération spontanée de l'individu adulte, de l'animal sous sa forme définitive. De nos jours, on a cru un instant à la génération spontanée de l'œuf ou du germe. Or, l'œuf ou le germe ne contient-il pas en puissance l'individu qui doit en sortir? On a vu bien vite qu'il n'y avait pas de différence entre les deux hypothèses, celle des anciens et celle des modernes, car l'œuf d'une grenouille ou d'un papillon renferme en lui la puissance nécessaire pour former une grenouille ou un papillon, et comment admettre que cette puissance n'ait pas été en quelque sorte emmagasinée par des grenouilles ou des papillons.

On concevrait à la rigueur la possibilité de créer la matière de l'œuf à l'aide des éléments minéraux dont elle se compose. Mais l'œuf n'est pas un simple composé de matière, il s'y trouve un je ne sais quoi, une force, une puissance qui forme à l'aide de ce réservoir de matière un être apte à se développer lentement, progressivement, et à la suite de transformations successives. L'œuf n'est pas uniquement le présent, il est l'avenir, et c'est parce qu'il est l'avenir qu'il est aussi le passé. Il est l'animal futur qui suppose non seulement un animal antérieur, mais des ancêtres.

La matière dont il se compose n'engendre pas l'animal qui en sort; tous les phénomènes que nous voyons se passer dans l'œuf s'y produisent comme si l'œuf en était le support, de la même manière, répétons-le, que le cerveau est le siège des phénomènes de la pensée et ne produit pas la pensée, de la même manière qu'une horloge est construite pour faire apparaître les divisions du temps, dont on ne saurait attribuer la cause aux propriétés des métaux qui composent les rouages.

La vie naît de la vie ; un corps vivant est une source de vie, c'est une flamme incessamment propagée à travers les générations. L'être vivant permet aux phénomènes de la vie de se produire ; il en est le milieu favorable.

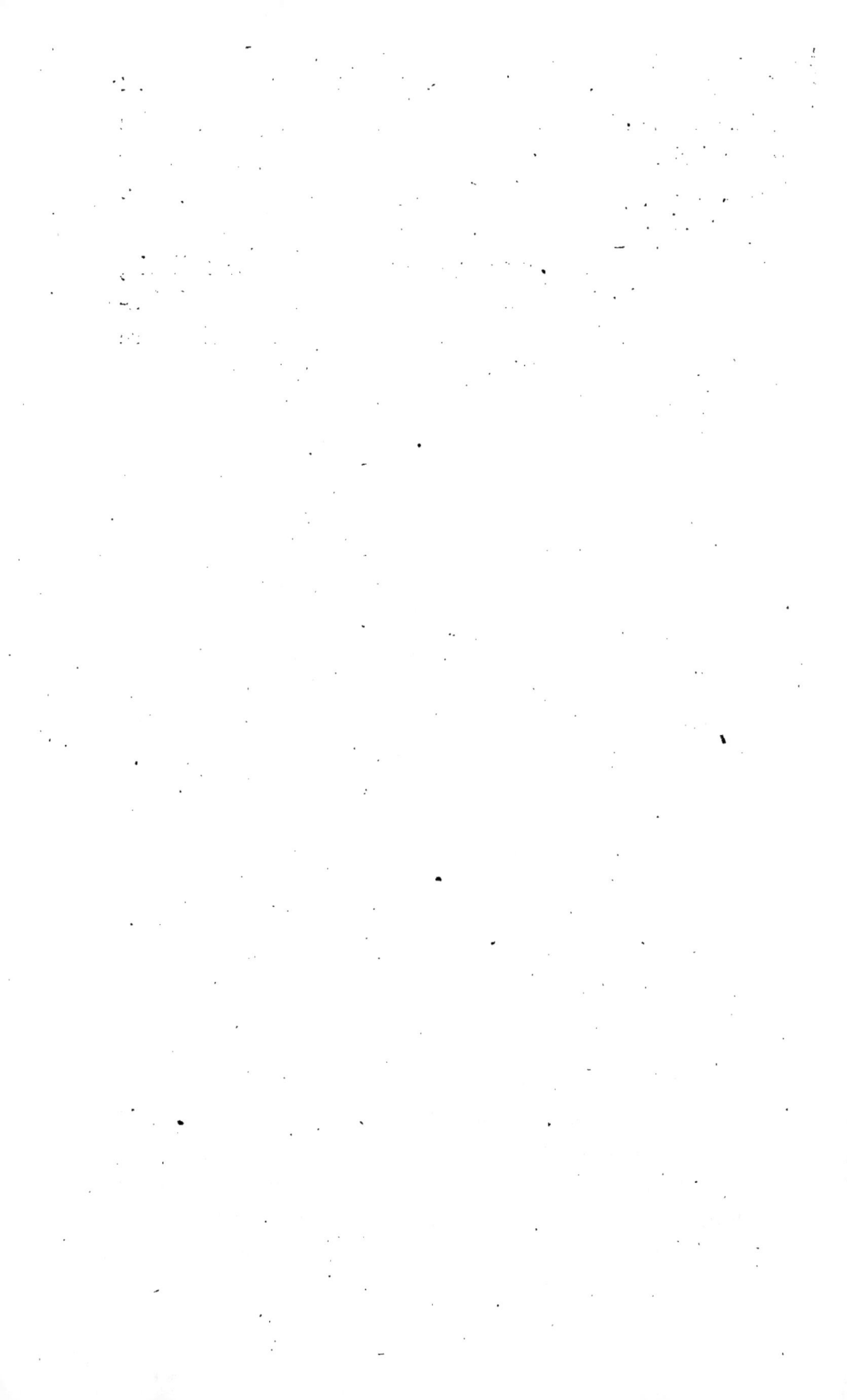

II. L'ORIGINE DES VÉGÉTAUX

C'est aussi d'un œuf que naît toute plante, œuf complet ou incomplet. La graine est l'œuf végétal. Sans doute, il existe, pour les plantes comme pour les animaux, des modes de reproduction variés ; on verra qu'ils paraissent plus différents qu'ils ne le sont en réalité. Lorsque, par exemple, on reproduit un végétal au moyen d'une branche qu'on en a détachée, ou même par un simple bourgeon, la plante ainsi obtenue est-elle en réalité distincte de la première? Pas plus assurément que les deux bras d'un cours d'eau ne sont deux cours d'eau distincts. N'est-ce pas un phénomène analogue à celui des fragments de l'hydre reproduisant un animal semblable à l'animal tronqué?

La graine.

Occupons-nous d'abord de la graine proprement dite, de l'œuf de la plante. Comme l'œuf de l'animal, elle n'accomplit son évolution que dans certaines conditions. Pour germer et donner naissance à une plante, elle doit être placée dans un milieu, — ordinairement le sol, suffisamment chaud, humide et aéré. Ce milieu ainsi aménagé est la couveuse de la graine.

Les diverses parties

Prenez une amande, un haricot, un pois; j'entends la partie de l'amande qu'on mange et non la coque verte ou sèche; comme aussi il faut entendre par un haricot ou un pois, l'un des grains contenus dans la gousse. Observez de près cette graine, vous distinguerez une enveloppe, une peau ou plutôt une double peau, comme un vêtement et sa doublure plus ou moins soudés l'un à l'autre. La peau extérieure, celle qui dans l'amande est légèrement jaunâtre, c'est la coque ou la *testa*, l'autre, l'intérieure, se nomme *tegmen*. L'amande fraîche peut en être aisément dépouillée, et, avec quelque précaution, vous pourrez détacher séparément l'une et l'autre dans les petits pois. Lorsque l'amande est sèche, la peau prend une couleur brun foncé et adhère plus fortement.

Radicule, gemmule, tigelle.

La peau enlevée, reste la chair blanche, ferme, légèrement craquante sous la dent. Elle se divise naturellement en deux moitiés dans le sens de la longueur, et on peut voir alors, entre les deux moitiés, vers l'extrémité pointue de l'amande, la *plantule* ou plante future, dont une partie, la *radicule*, ou future racine, fait saillie hors de l'amande sous la forme d'un petit mamelon conique. La *gemmule* ou le bourgeon est au contraire enfermé, et entre la radicule et la gemmule, le léger étranglement qu'on remarque indique la place où se développera la tige; on convient de désigner cette sorte de col sous le nom de *tigelle*. C'est une plante en miniature, mais visible à l'œil nu dans l'amande.

Les cotylédons. — L'embryon.

Les deux moitiés de l'amande, sans la plantule, constitüent les *cotylédons;* l'ensemble de la plantule et des cotylédons constitue l'*embryon.*

Sans les cotylédons, la plantule ne pourrait vivre; elle mourrait faute de nourriture. C'est de la substance des coty-

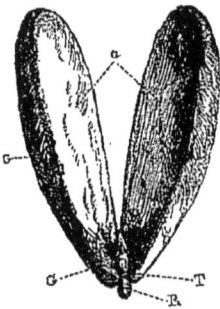

AMANDE.

Les cotylédons ɑ sont écartés de manière à laisser voir la radicule ʀ, la tigelle ᴛ et la gemmule ɢ.

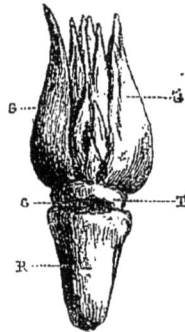

LA PLANTULE DE L'AMANDIER SEULE, GROSSIE.

ɢ, gemmule; — ᴛ, tigelle; — ʀ, radicule.

lédons qu'elle se nourrira, en attendant qu'elle soit en état de puiser directement sa nourriture dans la terre et dans l'air.

Le pois, le haricot se partagent également en deux cotylédons, à la base desquels se trouve la plantule; un grand nombre d'autres graines sont dans le même cas, ce qui a fait donner aux plantes qui les produisent le surnom de *dicotylédonées.* D'autres graines, très nombreuses aussi, ne possèdent qu'un seul cotylédon très peu développé, enfoncé dans la graine. Le grain de blé est dans ce cas. La farine compose la plus grande partie du grain, et remplace le cotylédon dans ses fonctions de nourrice de la plantule. Il y a donc dans le grain, outre la peau brunâtre qui forme le son, la plantule avec son

cotylédon, c'est-à-dire l'embryon, et la provision de nourriture de l'embryon représentée par la farine. Cette petite
masse farineuse porte le nom de *périsperme*, ce qui équivaut
en français aux mots : *substance environnant la graine;* le
périsperme peut être regardé comme l'albumine ou le blanc
de l'œuf. On le nomme également *albumen.*

Le périsperme et les cotylédons remplissant les mêmes fonctions, il est tout naturel qu'ils se suppléent. Aussi une graine
qui possède des cotylédons très charnus ne contient pas de

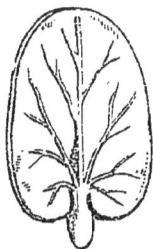

EMBRYON DU RICIN.

Un seul cotylédon offrant l'apparence d'une feuille.

GRAIN DE BLÉ COUPÉ.

Un seul cotylédon. — On voit
l'embryon à la base.

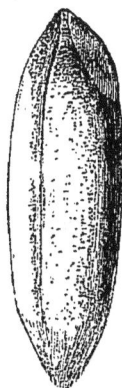

GRAIN DE BLÉ.

périsperme; réciproquement, des cotylédons grêles, foliacés,
secs, accompagnent une graine pourvue de périsperme.

On le voit, les choses ne se présentent pas autrement pour
la graine que pour l'œuf.

La graine contient, en effet, avec l'enfant de la plante qui
l'a portée, une provision de nourriture destinée à cet enfant
au commencement de sa vie. Comme le nourrisson, il lui faut
le lait d'une nourrice dans sa première enfance, lorsqu'il est
encore dans l'impossibilité de se nourrir tout seul. Cette
nourriture, amidon ou fécule, est solide, elle ne deviendra

liquide qu'au moment où la graine sera semée et où elle devra être absorbée.

><

Examinez des graines qui sont en train de germer, aux divers moments de leur germination, vous constaterez que la provision de nourriture destinée à l'alimentation du nourrisson s'épuise de plus en plus, à mesure que la jeune plante grandit. Cela se voit fort bien après qu'on a semé des haricots, si dans les jours suivants, on examine le travail de la germination, en déterrant chaque jour une nouvelle graine. Les cotylédons se vident peu à peu, la peau se plisse comme un ballon qui se dégonfle, et lorsque la provision est épuisée, qu'il ne reste qu'une enveloppe flétrie et desséchée, la plante est assez grande pour se nourrir toute seule et manger de tout, comme un enfant qui a ses dents.

><

Remarquons en passant que chaque graine possède en réserve la somme de nourriture qui lui est nécessaire, que toutes les graines n'emploient pas le même temps pour se développer : les unes ont un développement rapide, d'autres germent lentement. On ne rencontre pas plus d'uniformité ici que dans le règne animal. Le développement de l'œuf est différent d'un animal à un autre. Il en est de même de la durée de la vie hors de la graine ou hors de l'œuf. En réalité, il n'y a pas plusieurs vies, mais une vie continue en plusieurs actes.

Formes diverses.

La forme des graines n'est pas moins variée que celle des œufs; elle l'est même davantage. Il y en a de rondes

comme le pois, d'ovalaires comme le grain de mil, de réni-
formes ou en forme de rein, comme le haricot, d'ovoïco-
niques, comme le grain de blé; on connaît celle de l'amande,
celle du café. Malgré cette grande diversité de formes, on
peut dire que la plupart des graines sont rondes ou ovalaires.

Variété de grosseur dans les graines.

Si la grandeur de l'œuf est en général proportionnée à celle
de l'oiseau, on ne saurait dire que celle de la graine est en
rapport avec la taille de la plante qui l'a produite. Il y a à
cet égard une très grande diversité. Ainsi, la graine du hêtre,
un des plus grands arbres de nos forêts, est moins grosse que l'a
mande; par contre, la châtaigne est plus grosse. Les pois et
les haricots sont relativement considérables, si on les compare
à la plante qui les porte. Celles de millet et de pavot sont au
contraire très petites.

Couleur des graines.

Les graines sont de couleurs variées; c'est la peau extérieure, le *testa*, qui est seule colorée. Les pois sont verdâtres,
les haricots sont tantôt blancs, tantôt bruns, tantôt rouges, le
grain de café est vert gris, l'amande est jaune clair, le grain
de blé est d'un brun roux, le grain d'avoine est gris.

Poids.

Le poids ne varie pas seulement avec la grosseur, car la
substance qui compose le périsperme peut varier, ainsi que
la grosseur des cotylédons. Un litre de blé pèse de 750 à 800

grammes, un litre d'orge, de 620 à 650, celui d'avoine, de 450 à 500.

Nombre.

Chaque fleur fournit un nombre de graines très différent, selon le végétal qui la porte. La pêche, l'abricot, la cerise ne fournissent qu'une graine par fruit; chaque grain de raisin donne un pépin et quelquefois deux; le fruit du caféier contient deux graines; dans la poire, la pomme, on en trouve de cinq à dix, mais on en a compté dans une seule capsule de pavot environ 30 000; un seul pied de tabac en a fourni jusqu'à 360 000, et un orme, 500 000.

Enveloppes accessoires.

Un certain nombre de graines portent des poils plus ou

GRAINE AILÉE DU PIN.   GRAINE DE PISSENLIT AVEC SON AIGRETTE.

moins longs, abondants, fins et soyeux; on connaît les fines aigrettes du pissenlit. L'ensemble des graines, disposées régulièrement autour d'un point et parées de leur aigrette, forme une sphère blanche sur laquelle les enfants soufflent vivement pour voir s'évanouir instantanément les graines que le vent emporte au loin. Les personnes qui vivent à la campagne ont eu occasion de voir le fin duvet qui enveloppe les graines du saule; le coton n'est autre chose que la masse blanche des filaments feutrés qui entoure la graine du cotonnier.

Certains de ces appendices favorisent le transport de la graine par le vent; d'autres sont des organes de protection. Il est assez facile d'arriver par l'observation à reconnaître le

GRAINE DU COTONNIER, COUPÉE   GRAINE DU COTONNIER

genre d'utilité de ces appendices très variés et dont quelques-uns ne sont pas dépourvus d'élégance.

Examen détaillé de la graine.

Nous avons énuméré les parties les plus saillantes de la graine, ce qu'on en voit au premier coup d'œil; il faut maintenant l'examiner d'un peu plus près, afin de la mieux connaître. Ouvrons une gousse de petits pois, nous y voyons chaque pois suspendu par un lien à la charnière de la gousse.

Ce lien, c'est le *funicule* ou le cordonnet. Il est formé d'un faisceau de fibres et de vaisseaux nourriciers à l'aide desquels la graine communique avec le *péricarpe*.

Suivez le cordonnet à l'aide d'une loupe. Vous le verrez traverser la peau extérieure, ou le *testa*, cheminer entre les deux peaux, le *testa* et le *tegmen*, puis traverser le *tegmen* et atteindre les cotylédons. L'ouverture par laquelle il traverse la première peau se nomme le *hile;* on en voit la place reconnaissable à une tache d'un vert plus pâle que le reste de la peau. Lorsqu'on détache le funicule de la graine, le hile se présente sous l'apparence d'une cicatrice. L'ouverture qui sert de passage à travers le tegmen se nomme *chalaze*. Depuis le hile jusqu'à la chalaze, le cordonnet forme une nervure dont la longueur varie avec la distance des deux ouvertures. C'est le *raphé* ou la suture.

A une distance variable du hile, et souvent tout près, se trouve une toute petite ouverture, le *micropyle* ou *petite porte*, de la grandeur d'une piqûre de petite épingle, assez visible sur les haricots, les pois et, en général, sur les graines légumineuses. C'est par là que le pollen s'est introduit pour féconder l'ovule. La place du micropyle indique presque toujours celle de la radicule qui forme une légère saillie conique; aussi regarde-t-on cette ouverture comme un des pôles de la plante, et la chalaze, qui est en regard des cotylédons, marque la place de l'autre pôle. La ligne qui unit ces deux ouvertures se nomme axe de la graine.

Le testa.

Le testa est de consistance très variable : tantôt dure, cornée, cassante, tantôt molle, flexible, élastique. Ce qu'on mange de la grenade, c'est la peau des graines, testa et tegmen réunis, molle, épaisse, charnue et succulente. Le testa de la

graine du poirier est uni, lisse, poli, tendu; celui du coque-
licot, creusé de nombreuses fossettes, est alvéolé, il est rugueux,

GRAINE LISSE   GRAINE ALVÉOLÉE   GRAINE PAPILLEUSE   GRAINE STRIÉE   GRAINE PLISSÉE DE
DU POIVRIER.   DU COQUÉLICOT.   DE LA STELLAIRE.   DU TABAC.   DE LA NIGELLE.

froncé, parcouru par de nombreux sillons ou des rides dans
la graine du tabac.

Le périsperme.

C'est le périsperme de certaines graines qui est utilisé tantôt
comme aliment, tantôt comme condiment ou enfin comme

 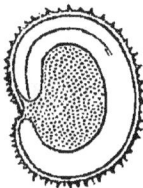 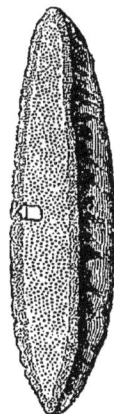

GRAINE DE LIERRE (COUPÉE).   GRAINE DE NIELLE (COUPÉE).   GRAINE DU DATTIER (COUPÉE).
L'embryon tout petit est en-   L'embryon enveloppe l'al-   L'embryon est noyé dans le
veloppé d'une grande quan-   bumen.   périsperme.
tité d'albumen.

médicament. L'albumen farineux des graminées compose la
presque totalité du grain; celui du blé nous fournit la farine
dont on fait le pain, celui de l'orge est utilisé dans la fabrication

de la bière, celui du seigle sert à la fabrication d'un pain de
qualité inférieure; dans la graine du ricin, le périsperme
charnu et oléagineux, broyé, fournit l'huile de ricin. Celui du
grain de café est corné, dur, élastique; c'est la partie comestible; celui de la datte est dur et compacte.

Le sac embryonnaire et le nucelle.

L'embryon n'a pas toujours existé comme nous le voyons dans
la graine. Lorsque la graine n'était encore qu'un *ovule*, c'est-à-
dire un œuf futur de la plante, il n'y avait pas d'embryon.
On se souvient des diverses parties de la fleur parmi lesquelles
se trouvent le pistil et les étamines. A la base du pistil, dans
un renflement qui est généralement ovoïde, se trouvent des
ovules plus ou moins nombreux et dont la disposition varie
dans les fleurs de plantes différentes. Pour devenir des graines,
ces ovules doivent recevoir l'action du pollen, et, à partir de ce
moment, elles sont capables de donner naissance à une plante
semblable à celle qui les a portées.

L'ovule naissant ou le *nucelle*, ainsi qu'on le nomme, est
une petite masse de matière uniforme et cellulaire. Cette
petite masse vivante se fabrique ses vêtements; elle se fronce,
elle se plisse et donne naissance à une première, puis à une
seconde enveloppe. La voici vêtue. En même temps, à l'intérieur, se forme une cavité, le *sac embryonnaire* rempli d'un
fluide gélatineux.

Au sommet du sac embryonnaire, suspendue par un lien
délié, au bord du micropyle, se trouve la *vésicule embryonnaire*, corpuscule analogue à la vésicule germinative de l'œuf.
C'est la première forme, le point de départ de l'embryon; telle
est l'humble origine de ce qui deviendra un arbre puissant.
La vésicule est suspendue au milieu du mucilage qui remplit
le sac embryonnaire.

Premiers changements.

Le germe du végétal comme celui de l'animal se divise
d'abord en deux parties, puis chacune des deux en deux autres
et ainsi de suite. Au bout d'un temps très court le petit corpuscule animé est devenu une agglomération de nombreuses
cellules. Les matériaux sont prêts, la construction s'élève; du
côté du micropyle, le corpuscule s'allonge et devient la radicule, tandis que sur les côtés naissent les cotylédons.

Conditions de la germination.

De même que les œufs, les graines peuvent être conservées
plus ou moins longtemps, pourvu que l'on prenne certaines
précautions. On sait déjà que les graines recueillies chaque
saison sont conservées pour les semailles de la saison nouvelle.
Même après plusieurs années, elles possèdent encore toute leur
vitalité. Toutefois les graines oléagineuses sont d'une conser-
vation plus difficile, parce qu'elles renferment des principes
qui se combinent avec l'oxygène de l'air et se modifient.

Tant que la graine ne se trouve pas dans les conditions favorables à son développement, tant qu'elle n'a pas à sa portée
les éléments qui lui sont indispensables, c'est-à-dire de l'air
et de l'humidité dans une certaine mesure et, en général, tant
que la température du milieu où elle est plongée n'est pas
inférieure à 15 degrés et supérieure à 26 degrés, elle peut être
conservée presque indéfiniment. Son activité vitale sommeille
pour ainsi dire; elle est à l'état latent. La graine est plongée
dans une sorte de mort apparente. Des haricots datant d'un
siècle ont germé et ont fourni des plantes qui ont fleuri et fruc-
tifié. Des graines de jonc, trouvées dans la *Cité* à Paris, lorsqu'on

en a fouillé le sol, et remontant à la fondation de Paris, ont pu être semées avec succès. N'a-t-on pas vu, à la suite de l'incendie de Londres, des plantes naître sur les ruines, lesquelles provenaient de graines conservées pendant des siècles, attendant des conditions favorables à leur réveil? D'autres, recueillies dans les sépultures romaines et gauloises, dont la date remonte à quinze ou seize siècles, ont germé. Enfin, le blé enfoui, il y a plusieurs milliers d'années, dans les caveaux des Pyramides d'Égypte, et retrouvé dans ces derniers temps, n'avait rien perdu, dit-on, de sa puissance vitale.

Conservation des grains.

La nécessité où l'on est de conserver les grains utiles à la nourriture de l'homme ou à celle des animaux, a fait rechercher les moyens d'éviter les causes qui favorisent la germination. Les Arabes et en général, les habitants des contrées baignées par la Méditerranée creusent des cavités assez profondes, sortes de greniers souterrains qu'on nomme des *silos*. La température y est assez basse, c'est celle des caves profondes, 12 degrés environ, pour empêcher et la fermentation et le développement des insectes, à la condition toutefois de maintenir le *silo* rigoureusement fermé.

Durée de la germination.

La durée de la germination, comme celle de l'incubation, varie avec les diverses espèces. Deux jours suffisent aux graines de cresson alénois, c'est une des germinations les plus rapides, sinon la plus rapide. Les haricots mettent trois jours, le melon cinq, le blé, sept; deux ans sont nécessaires aux noyaux des fruits pour que l'humidité en ramollisse suffisamment les enveloppes dures et ligneuses et que l'amande soit mise à nu.

Germination. — Éclosion de la graine.

Lorsque la graine est mise en terre, qu'elle trouve une température convenable, une humidité suffisante et de l'air, l'embryon rompt ses enveloppes comme un oiseau qui sort de l'œuf, afin de continuer son développement. C'est l'éclosion de la graine. La température qui convient en général est comprise entre 12 et 40 degrés. Au-dessous de 12, les phénomènes de la vie ne s'accomplissent pas; au-dessus de 40, les graines s'altèrent plus ou moins. L'humidité est nécessaire pour ramollir les enveloppes de la graine et lui permettre de se dégager plus facilement; plus tard, l'humidité agira en dissolvant certaines substances, en servant de véhicule à d'autres, de manière que la jeune plante puisse aisément s'en nourrir.

La graine respire, elle a besoin d'air; elle en absorbe et rend de l'acide carbonique qui résulte de la combinaison de l'oxygène de l'air avec le carbone qu'elle contient. Cette combinaison dégage de la chaleur, et cette chaleur favorise le développement de la plante. Sans air, la plante ne peut vivre, elle est asphyxiée. Placée dans un espace vide d'air, elle ne vit pas, elle y sommeille; tout est suspendu, respiration, nutrition, développement. Placée dans la terre compacte, tassée, où l'air ne peut s'insinuer facilement, la graine reste inerte.

Sans doute la terre est le lieu le plus commode pour y déposer la graine, en même temps que le support le mieux fait pour soutenir la plante; toutefois, si la terre est nécessaire, c'est seulement parce qu'elle offre à la graine l'humidité et l'air qui lui sont indispensables, et qu'elle contient les substances qui, dissoutes, composeront la nourriture de la plante. Donc, pourvu qu'on donne à une graine ces trois éléments de sa vie : air, chaleur et humidité, même ailleurs que dans la terre, elle germera et se développera. C'est ainsi qu'on fait germer du blé sur une éponge humide.

Développement de la plante.

Dans la première partie de son existence, l'embryon s'est nourri de la provision de nourriture amassée dans le périsperme, ou bien la plantule a puisé cette nourriture dans les cotylédons charnus. Bientôt l'enveloppe ramollie cède à la

HARICOTS GERMANT.

pression de l'embryon qui s'est développé; elle se déchire, et successivement on voit apparaître la radicule et la gemmule. On suit aisément ce travail sur les haricots. On voit la terre se soulever, se crevasser au-dessus de la graine, et finalement celle-ci se montrer. Le haricot forme alors une crosse dont la radicule est la hampe. Quelques feuilles vertes entre-croisées se montrent par l'ouverture entre-bâillée que laissent entre eux les cotylédons à demi séparés. Ceux-ci sont encore recouverts en partie par la peau dont les bords déchirés se replient sur eux-mêmes. Puis les cotylédons se séparent, les derniers lambeaux de peau desséchés tombent, la jeune plante

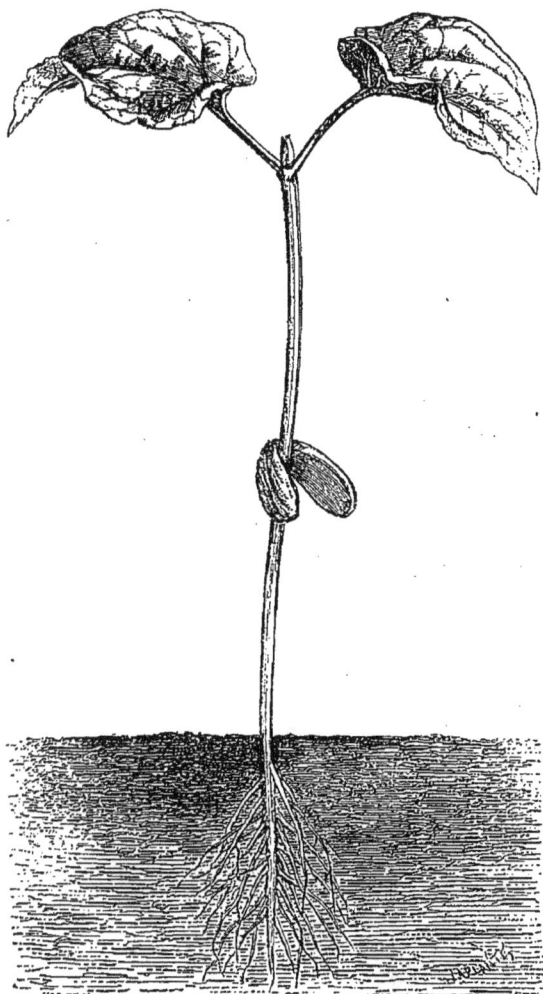

LE HARICOT PLUS DÉVELOPPÉ.

se dresse, de nouvelles feuilles se montrent, et les cotylédons s'amincissent progressivement et finissent par disparaître.

Semences de champignons.

Au-dessous du chapeau des champignons, on voit des lames fines, minces, inégales, translucides, disposées verticalement et rayonnant autour du pied. Sur ces lames se trouvent les semences ou *spores*.

Lorsqu'on sème les spores sur du sable mouillé ou simplement sur des lames de verre, elles donnent naissance à une sorte de tissu qui vit sous la terre, le *mycélium*, et qui est pour ainsi dire le corps de la plante dont le champignon est le porte-semence. Les champignons poussent sur le mycélium comme des sortes de fleurs.

Les spores ont de fort petites dimensions. On ne saurait assimiler la spore à une graine : c'est un embryon, si l'on veut,

CHAMPIGNON (AGARIC COMESTIBLE).

1. Plusieurs champignons à divers degrés de développement. — 2. Champignon coupé dans le sens de la longueur. — 3. Fragment coupé. — 4. Portion de feuillet avec cellules et spores. — 5. Cellule grossie avec spores.

dans son premier état, au début de son développement. On n'y distingue pas, comme dans l'embryon des plantes dicotylédonées ou monocotylédonées, une plante en miniature qui n'a qu'à grandir et se développer pour devenir semblable à la

plante mère. Cette petite masse est informe, cellulaire, homogène, une sorte de véhicule rempli de matière organique qui
crée soudainement les organes au moment même où ils apparaissent.

Ce n'est pas une graine dans la vraie acception du mot;

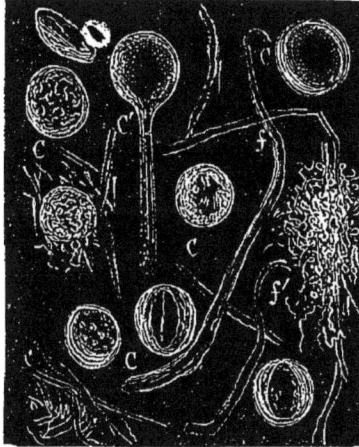

SPORES DU CHAMPIGNON DE LA VIGNE (OÏDIUM), GROSSIES 500 FOIS.
c, corpuscules; — f, f', filaments et mycéliums.

elle n'a pas été ovule, puis ovule fécondé; elle ne se compose

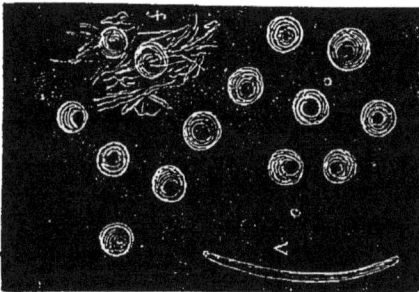

SPORES DU CHAMPIGNON DU BLÉ, GROSSIES 500 FOIS.
f, mycéliums; — v, vaisseaux grossis.

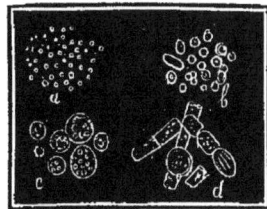

SPORES DU CHAMPIGNON DE LA
LEVURE DE BIÈRE.

pas de plusieurs parties distinctes, mais elle n'est pas moins
un germe, une semence, l'origine d'un être semblable à celui
qui l'a portée. Qu'importent ces distinctions au point de vue
qui nous occupe; tout champignon ne vient-il pas d'une spore
ou d'un autre champignon?

Les champignons microscopiques étaient, parmi les végétaux, les êtres les plus propres à entretenir la croyance à la
naissance fortuite, spontanée, résultant d'une rencontre d'éléments matériels dans de certaines conditions. On les voit en
effet apparaître partout et soudainement; ils se multiplient
avec une incroyable rapidité et se développent de même ; *croître
comme un champignon* est devenu un proverbe. Ils forment
la moisissure qui se développe à la surface de la confiture, le

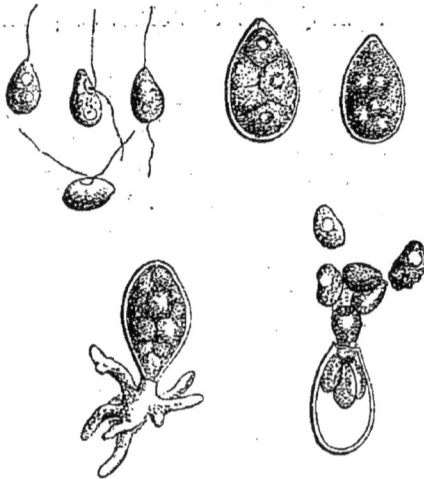

PERONOSPORE OU CHAMPIGNON DE LA POMME DE TERRE.
SPORES GERMANT.

muguet qui tapisse les parois de la bouche des jeunes enfants ;
la teigne qui envahit la racine des cheveux est une aggloméra-
tions de spores ; l'oïdium qui recouvre parfois les feuilles de la
vigne et les grains de raisin et les enveloppe de son mycélium
comme d'un réseau qui les enserre et les étouffe est un champignon. C'est encore un champignon microscopique qui est
la cause de la maladie des pommes de terre. Les feuilles sont
d'abord atteintes : elles noircissent, se dessèchent et pour-
rissent ; les germes entraînés par l'eau dans la terre atteignent
la pomme de terre elle-même. Sur le corps des animaux noyés,
même sur celui des poissons vivants, un fin duvet blanchâtre
annonce la présence d'une forêt de champignons. Comment ne

pas être surpris de ces apparitions soudaines, et dans des circonstances si diverses et quelquefois si étranges ! Comment se défendre de croire, d'un premier mouvement, à un résultat du hasard.

᠎᠎᠎

La maladie du blé, qu'on nomme la *carie*, reconnaît pour
cause un champignon. Dans l'ovaire du blé carié se trouve une
matière pulvérulente qui est composée de spores portées par
des sortes de rameaux. Quand la semence germe, elle s'ouvre

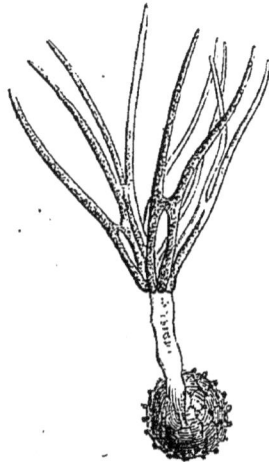

SPORES DU CHAMPIGNON DE LA CARIE GERMANT.   SPORE EN GERMINATION.

en un point pour laisser passer un tube qui grandit et se ter-
mine par un faisceau de rameaux réunis deux à deux et de
spores nommées *sporidies*.

᠎᠎᠎

La *rouille*, qu'on nomme ainsi à cause de la couleur que
prennent les épis qui en sont infestés, est produite par un
champignon. Les feuilles jaunissent et se flétrissent, les fleurs
se fanent, les épis s'alanguissent. Sur toutes les parties de la
plante, sur les feuilles, la tige, les glumes, sur les grains
même, on voit des myriades de petites taches jaunâtres plus

ou moins allongées, légèrement saillantes. Si l'on y touche,
une poussière fine, menue, comme celle qui se détache des
ailes du papillon, reste adhérente aux doigts. Cette poussière
est composée de champignons.

Mais d'où vient ce champignon !

Le croirait-on, ce champignon ne vit pas sa vie tout entière
sur le blé qu'il dévore ; il y passe seulement une partie de son
existence ; il est né ailleurs, sur une autre plante ; il y a vécu

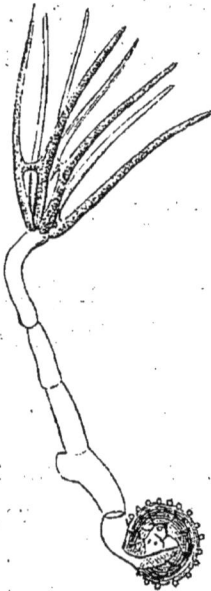

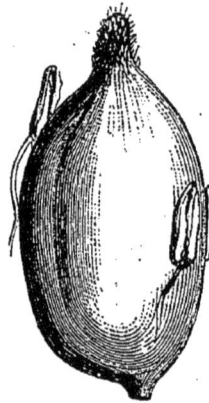

SPORIDIE.   GRAIN DE BLÉ CARIÉ.

sous une autre forme, dans un autre état, puis, il est venu
prendre sa seconde forme sur l'épi de blé. C'est une plante à
métamorphoses comme les insectes ; disons mieux, comme le
ver solitaire et la trichine. Car, ainsi qu'à ces derniers, il lui
faut des milieux différents pour accomplir ses métamorphoses ;
le changement de forme n'a lieu qu'à la condition d'un changement de résidence.

Les difficultés n'ont pas été moindres dans ce cas pour
découvrir ces faits qu'elles ne l'ont été pour suivre pas à pas,
comme on l'a fait, les migrations du ver solitaire.

A la suite de longues et patientes observations, on a fini par découvrir que le voisinage de la plante nommée épine-vinette est funeste aux moissons, et qu'il en est ainsi parce qu'elle donne asile au champignon de la rouille à son premier état, sous sa première forme.

De l'observation, on est passé à l'expérience : on a semé du blé auprès des épines-vinettes et la rouille a envahi le blé ; un seul pied d'épine-vinette dans un champ de blé suffit pour que le blé soit couvert de rouille, et lorsqu'on a soin de ne pas laisser pousser l'épine-vinette dans le voisinage du champ de blé, la rouille n'apparaît pas.

Mode de reproduction des fougères.

Les fougères se reproduisent également par des spores. Ces gracieuses plantes abondent dans nos bois, dont elles tapissent le sol, pour ainsi dire, entremêlant leurs feuilles amples, souples, finement et profondément découpées, semblables à des panaches de dentelle végétale. Leurs couleurs variées depuis le vert tendre jusqu'au brun roux, en traversant toute la gamme des mélanges de vert et de marron, donnent à nos bois un aspect étoffé et d'un ton chaud ; mais lorsqu'elles envahissent de vastes espaces de terrain non boisés, elles revêtent le paysage d'un aspect misérable et désolé.

Dans nos contrées, leur taille est peu élevée, et va tout au plus à deux mètres ; elles rampent en partie sur le sol auquel elles s'accrochent par de nombreuses racines très déliées. Entre les tropiques, dans les forêts chaudes et humides, leur pays de prédilection, elles atteignent la taille des arbres. On en voit de nombreuses espèces différentes par l'aspect, la taille, la forme et la division des feuilles. Pour le botaniste ce sont des feuilles apparentes ; la véritable feuille ayant un bourgeon à sa base. Ils les nomment des *frondes*, nom dérivé d'un mot latin qui signifie également feuilles, et non d'une analogie avec le jeu bien connu des enfants. Cette feuille ou fronde est d'abord enroulée sur elle-même, et, lorsqu'elle commence à se dérouler, elle a la forme d'une crosse.

C'est principalement sur la face inférieure des feuilles qu'on peut voir les sacs des spores ou *sporanges*, qu'on peut comparer à des fruits. Ces groupes de sporanges, réunis dans une enveloppe commune, ont la forme de reins ou rognons ; ce sont les *sores*.

Les couleurs des sores ne contribuent pas peu à donner aux fougères des aspects variés et agréables à l'œil. Ce sont comme autant de petites taches jaunâtres, parsemées sur un fond vert uni.

Lorsque les sporanges sont mûrs, ce qu'on reconnaît à leur couleur noire ou jaune d'or, ils se déchirent d'eux-mêmes, et, au même moment, un anneau élastique qui les entoure se détend comme un ressort et lance de toutes parts la fine poussière des spores. Ces dernières sont invisible à l'œil nu ; elles n'ont pas plus de trois à cinq centièmes

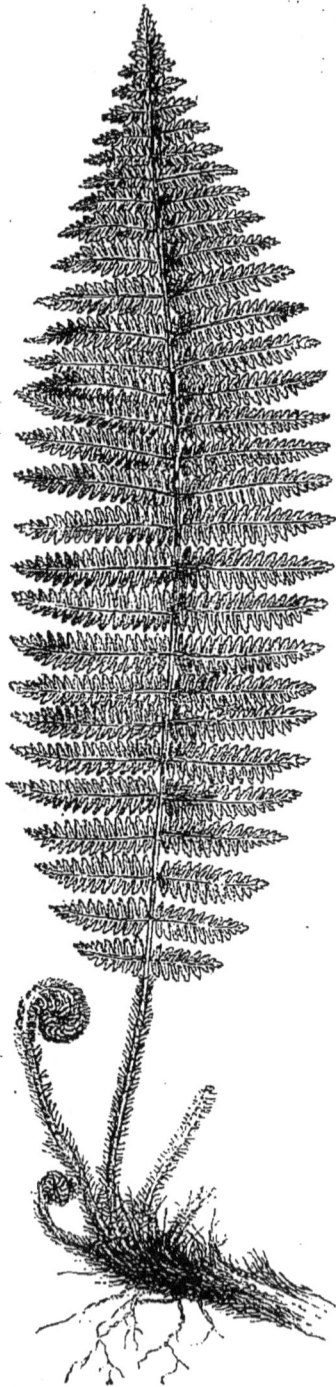

FOUGÈRE MALE.

de millimètre. Cependant malgré l'exiguité de leurs dimensions, elles n'offrent pas moins de variété que les grosses graines au point de vue de la forme, de la grandeur, de l'aspect, de la couleur et de l'état de la surface.

Ces corpuscules donneront naissance, à la suite de transformations, à des fougères semblables à celle qui les a portés.

La spore de fougère brise son enveloppe et la membrane intérieure sort par l'ouverture, forme une saillie sur laquelle se produisent de nombreuses cellules. L'ensemble prend la forme d'un cœur portant des radicellés et de petits mamelons. La cavité se creuse plus

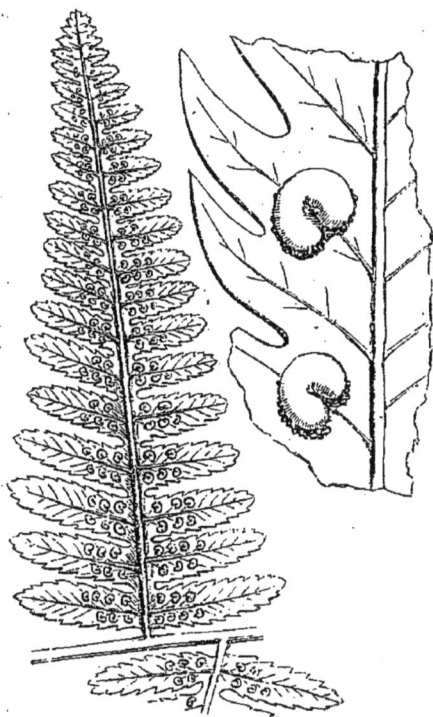

FOUGÈRE MALE, FACE INFÉRIEURE.
PORTION GROSSIE DE LA FRONDE.

SPORANGE DE FOUGÈRE MALE.   LE SPORANGE S'OUVRANT ET LAIS-
SANT ÉCHAPPER LES SPORES.

profondément, l'enveloppe ou *anthéridie* se rompt, et il en sort de petites vésicules grisâtres, sensiblement sphériques.

D'abord immobiles, les vésicules apparentes se déroulent et ressemblent alors à de petits serpents portant en avant des pompons de cils à l'aide desquels ils se meuvent. Ce sont les

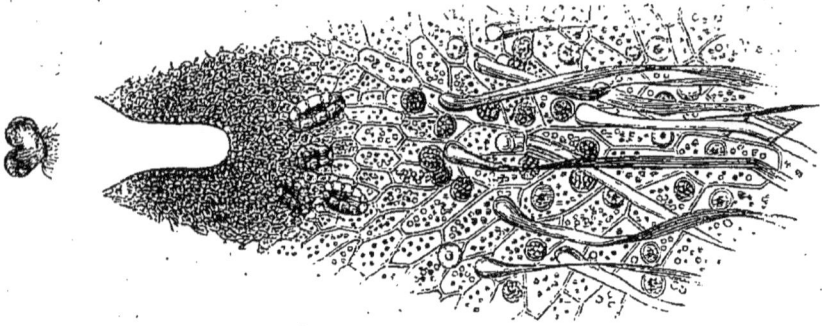

SPORE EN GERMINATION.   ANTHÉRIDIES ET ARCHÉGONES.

anthérozoïdes ou graines animées ; ils tourbillonnent avec une rapidité extraordinaire pendant des heures entières, jusqu'à ce qu'ils s'introduisent dans d'autres organes, les *archégones,*

ANTHÉROZOÏDES DE FOUGÈRES.

portés par le même support ou par un second support semblable. Alors seulement on voit naître la fougère.

Ainsi les spores sorties des sporanges des fougères ne sont pas analogues à celles des champignons. Ces spores doivent se développer, germer si l'on veut, puis donner naissance aux anthéridies et aux archégones qui sont les producteurs de la fougère.

Bourgeons fixes.

Chacun a observé à l'aisselle des feuilles, c'est-à-dire dans l'angle compris entre la feuille et la tige, ou à l'extrémité de l'axe des plantes, ce qu'on nomme des bourgeons. Très petits dans la partie inférieure, au pied de la plante, ils sont de

BOURGEON D'AMANDIER.   BOURGEONS DE PEUPLIER.

plus en plus gros, à mesure qu'on avance vers l'extrémité supérieure où se trouve le bourgeon terminal, plus gros que tous les autres et qui est le sommet de la tige en voie de formation.

Chacun de ces bourgeons donnera naissance à une branche qui est une nouvelle plante, sauf la racine qu'elle a en

commun avec la plante mère. Les vaisseaux du rameau se
continuent avec ceux du tronc et la plante primitive ne fait
qu'un avec chacun de ses rameaux. Le rameau est donc pour
ainsi dire un être nouveau qui fait corps avec celui qui lui a
donné naissance; c'est un enfant qui reste fixé à sa mère.
Comme les branches anciennes, il portera des feuilles, des

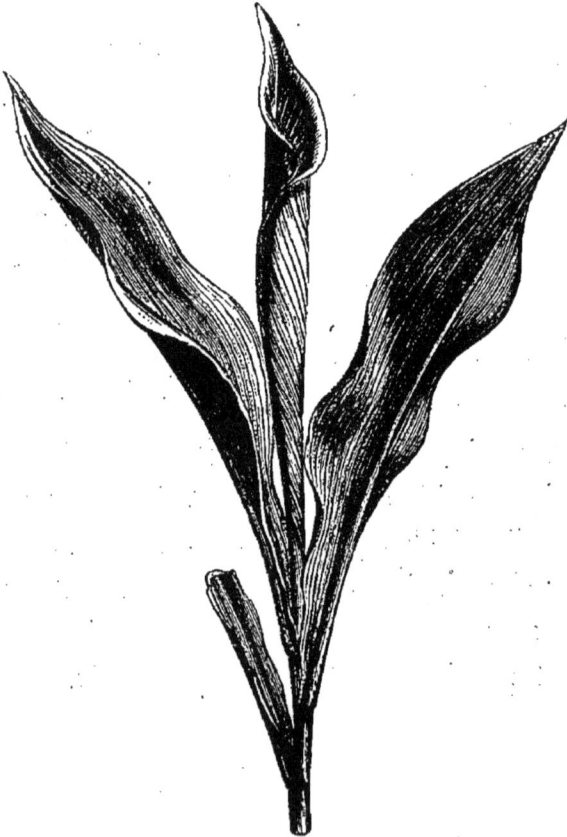

BOURGEON DE BALISIER, LES FEUILLES DÉVELOPPÉES.

fleurs, des fruits, et enfin des graines. Il y a une suite, une
continuité de phénomènes qui ne nous causent aucune surprise tant nous y sommes accoutumés. L'accoutumance en
dissimule l'étrangeté.

De ces bourgeons, les uns sont confortablement vêtus,
comme ceux du marronnier; rien n'y manque, ni le duvet inté-

rieur, ni l'écorce solide extérieure. Au centre, les feuilles sont
frêles, tendres, délicatement et soigneusement emmaillottées
et emmitouflées ; tout autour, à l'extérieur, elles sont solides,
résistantes, écailleuses, se recouvrant partiellement comme
les tuiles d'un toit. Enfin, un vernis protecteur bouche tous
les interstices, de manière que ni l'air, ni l'humidité, ni le froid
n'aient d'action sur l'être délicat qui doit traverser la saison
rude et ne s'ouvrir qu'au printemps. Les autres bourgeons sont
nus, ceux de la citrouille par exemple ; ils ne possèdent pas
d'enveloppe préservatrice, car leur existence sera courte. Ils
se développent rapidement, pendant la belle saison ; ils ne
verront pas l'hiver. Ils ont hâte de vivre pour ainsi parler.
Toute leur vie se déroule en une année ou plutôt en une saison,
pendant laquelle ils produiront feuilles, fleurs et fruits.

Quels que soient les bourgeons, nus ou écailleux, d'une
existence courte ou longue, destinés à vivre un été ou
jusqu'à la saison prochaine, une fois développés en rameaux, ce sont des êtres distincts et semblables à celui qui
les porte. L'ensemble de la plante et des rameaux constitue
une colonie d'individus qui possèdent un tronc et des racines
communes ; chacun vit pour tous et tous vivent pour chacun.
Bourgeons ou rameaux ont des parents qui leur ont donné
naissance et avec lesquels ils continuent à vivre en commun.

Bourgeons mobiles.

A côté de ces bourgeons fixes qui ne se détachent pas de la
plante mère, certaines plantes portent des bourgeons indé-
pendants qui, après s'être formés sur la plante mère, s'en dé
tacheront à la fin de la belle saison. Les premiers vivent sur le
tronc commun ; de là ils tirent leur nourriture. Les autres
devront vivre par eux-mêmes, d'abord sans racine, puis à

l'aide de leur racine lorsque celle-ci se sera formée. Dans la
première période de leur existence, ils vivent d'une provision
de nourriture accumulée dans leurs écailles charnues, gon-
flées de sucs qui sont tout à la fois des organes de nutrition et
de protection. Cette sorte de bourgeon se nomme *bulbille*.
L'ail, l'oignon, les jacinthes, et, en général, ce qu'on nomme

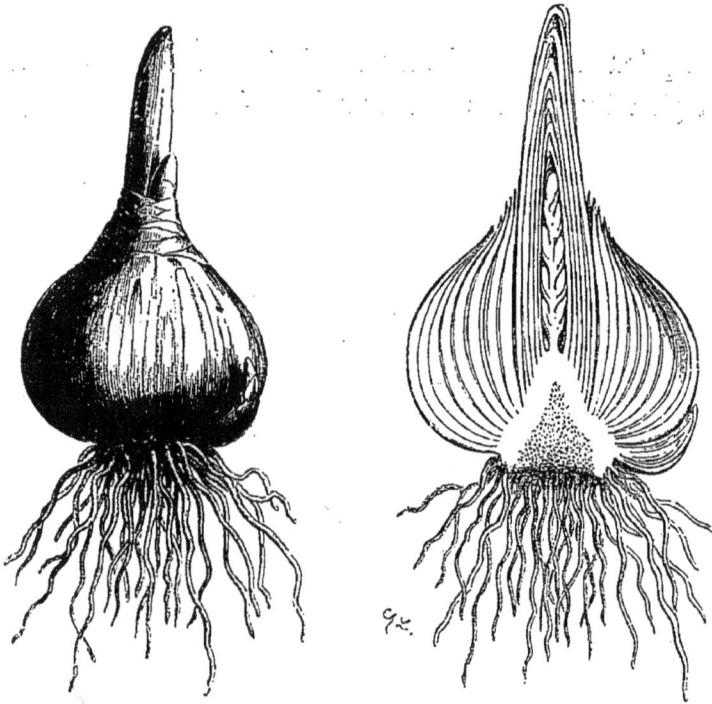

BULBE DE JACINTHE.   LE MÊME COUPÉ.

vulgairement des *oignons*, fournissent des bulbilles dont on se
sert pour propager la plante, car on ne la propage pas par des
semis. Nous mangeons de l'oignon les feuilles qui constituent
la réserve de nourriture du bulbe.

La graine, le bourgeon adhérent ou fixe, le bourgeon mobile
ou bulbe, ont leurs correspondants ou leurs analogues chez
les animaux, mais tous supposent des êtres antérieurs qui leur
ont donné naissance. Le végétal comme l'animal peut naître

d'une graine ou d'un œuf, et c'est ce qui arrive le plus sou
vent, il peut également naître d'un bourgeon, mais quelle
que soit l'origine de l'un ou de l'autre, quel que soit le point
de départ, TOUT ÊTRE VIVANT VIENT D'UN ÊTRE VIVANT.

Bouture. — Marcotte.

Lorsqu'on fait une bouture, c'est-à-dire qu'on détache
d'une plante un de ses rameaux destiné à devenir une plante

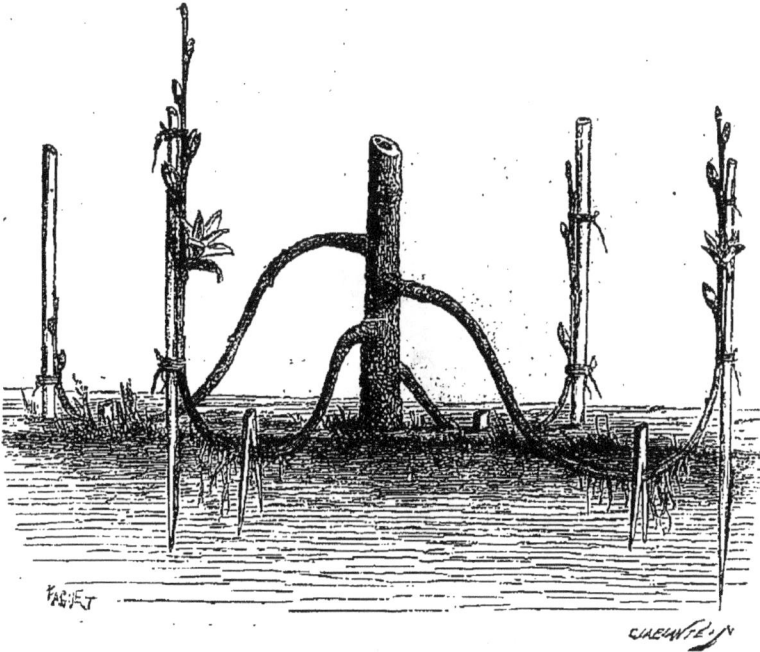

EXEMPLE DE MARCOTTAGE.

semblable, on transforme les bourgeons fixes du rameau en
bourgeons mobiles. On plante le rameau en terre par l'extrémité coupée, on maintient autour de lui le sol humide, on le
recouvre d'une cloche qui ralentit l'évaporation des liquides
que contient le rameau, et entretient autour de lui une atmosphère calme et une température douce. On favorise ainsi la
production de racines artificielles, et le bourgeon ou les bour-

geons du rameau qui auraient vécu aux dépens de la plante, .
s'ils n'en eussent pas été détachés, puisent directement leur

AUTRE EXEMPLE DE MARCOTTAGE.

nourriture dans le sol au moyen de leurs racines comme le
font les bourgeons mobiles.

Il n'est même pas toujours nécessaire de couper le rameau
de la plante mère pour l'enterrer, car chez certaines plantes

la souplesse des rameaux permet de les plier et de les enterrer en partie sans les détacher. Les racines se développent dans la partie souterraine, grâce à l'humidité et à l'obscurité, et surtout à l'uniformité des tissus des diverses parties de la plante et à leur facile transformation les uns dans les autres. Cette dernière opération se nomme *marcottage*, elle diffère, on le voit, du bouturage en ce que la *marcotte*, c'est-à-dire la branche enterrée, n'est pas détachée de la plante mère avant la naissance des racines. Le marcottage exige donc moins de soins et de précautions que le bouturage.

Greffe.

Ce bourgeon fixe devenu mobile, ce nourrisson séparé de sa mère, c'est un végétal mis en nourrice, si nous osons parler ainsi. La comparaison est plus exacte encore lorsqu'au lieu de lui donner la terre pour nourrice, on plante le rameau sur un arbre qui lui donne la nourriture qu'il aurait dû recevoir de la plante mère, comme il arrive quand on greffe. Ce que le rameau tire de la terre dans le bouturage et le marcottage, le *greffon* l'emprunte au végétal sur lequel il est greffé. Les racines ne lui sont donc pas nécessaires. Encore faut-il que le végétal greffé soit d'espèce semblable à celui sur lequel on le greffe. Le mode de nourriture ne doit pas différer entre la nourrice et le nourrisson. Toutes ces pratiques du jardinage : bouturage, marcottage ou greffe servent à multiplier les plantes ; mais les nouvelles plantes ne sont pas moins nées d'une plante semblable à elles ; elles ont des parents ; rien n'est spontané ; rien n'est dû au hasard.

CONCLUSION

Nous voici au terme de ce travail; jetons maintenant sur cette importante question de la naissance des êtres vivants, un coup d'œil d'ensemble.

A l'origine, l'humanité s'est accommodée d'hypothèses grossières et de fables naïves touchant la naissance des êtres vivants. Nous nous étonnons de la facilité avec laquelle des erreurs monstrueuses trouvaient accès dans les esprits, comme si, aujourd'hui encore, nous n'étions pas souvent témoins du triomphe d'erreurs semblables. Il n'est que trop vrai que l'erreur séduit toujours les hommes, sans doute parce qu'elle les dispense du savoir. Aussi, même aux époques les plus brillantes de la civilisation, se mêle-t-elle à la vérité. Du reste, l'erreur a son rôle utile : elle contribue indirectement à développer l'esprit humain, car l'extension de nos connaissances résulte autant de l'ardeur avec laquelle les amis de la vérité combattent l'erreur que de l'ardeur que mettent les partisans de l'erreur à la défendre.

La soif que nous avons de connaître l'origine des choses, et l'impuissance où nous sommes de donner satisfaction à ce besoin de notre esprit, nous porte donc à accepter des hypothèses à défaut de vérités. Telle est l'origine de la croyance à la génération spontanée. Au fond, elle n'est autre chose qu'une manière de comprendre la création. Dire que les êtres vivants ou leurs germes peuvent naître spontanément dans un milieu propice, ce n'est pas moins miraculeux que de voir apparaître tout à coup à la surface du globe les plantes et les animaux qui s'y trouvent. Il n'a pas répugné aux anciens, même aux modernes, de croire que des grenouilles, des rats, des insectes étaient le résultat de quelque combinaison mystérieuse d'éléments divers ou même d'admettre qu'ils apparaissaient spontanément.

Du jour où l'on a eu recours à l'expérience, les choses ont changé de face. Les faits bien observés ont remplacé les récits fabuleux. A la fiction merveilleuse a succédé la vérité plus merveilleuse encore. Désormais, plus de miracles, en entendant ce mot dans le sens de dérogation aux lois naturelles, mais la nature mieux observée, devenue fertile en miracles. Les cas de naissance fortuite ou spontanée diminuent à mesure que les recherches sont plus nombreuses et mieux conduites. Toutes les fois qu'un cas nouveau se présente qui paraît faire exception à la loi générale, l'expérience, semblable à une lumière surgissant tout à coup dans l'obscurité, dissipe les doutes, les incertitudes, les hésitations, et fait rentrer dans la règle ce cas nouveau qui semblait s'en écarter. Toute intervention de l'expérience a été fatale à la doctrine de la génération spontanée.

Les animaux visibles à l'œil nu étant soumis à une loi unique, restait le monde des tout petits êtres à peine visibles et de ceux que le microscope fit découvrir tout à coup. Ce merveilleux appareil fut comme une lumière nouvelle qui vint éclairer le monde jusque dans ses recoins les plus obscurs. Il était inventé au moment voulu, et on ne saurait dire au juste si la science le réclamait ou s'il venait pousser la science en avant. Dans le nouveau monde qu'il permit d'explorer, tout était nouveau. Les recherches, l'observation, l'expérience, tout.

faisait défaut; aussi vit-on renaître l'hypothèse de la génération spontanée. De si petits êtres pouvaient-ils naître autrement que par hasard et sans parents ! Comme si la petitesse
excluait la complexité et la perfection des organes. Sans doute,
il était difficile d'observer, encore plus difficile de voir, surtout au début. Malgré tout, il fut démontré que les plus petits
des êtres connus n'échappaient pas à la règle; la monade
comme la baleine et l'éléphant, la trichodesmie comme le
chêne avaient des parents. Ainsi qu'il était facile de le prévoir,
la règle est générale.

Toutefois, il n'était plus exact de dire que tout être vivant
vient directement d'un œuf; n'avait-on pas vu des plantes et
des animaux naître de bourgeons ou de segments? Mais l'œuf,
le bourgeon, la division ne sont que les moyens de transmettre
la vie; ce sont des procédés, si l'on peut parler ainsi; désormais, nous devons dire : *tout être vivant vient d'un être vivant*
ou *tout être vivant a des parents*.

⚜

La vie ne se manifeste pas spontanément, fortuitement, par
hasard, dans la matière inanimée, sur un point, en un lieu,
par un concours de circonstances, un ensemble de conditions,
dans un milieu déterminé. Au moins, jusqu'à présent, aucune
expérience ne l'a démontré et l'expérience seule peut être
invoquée ici. La vie ne naît pas dans chaque être nouveau;
elle se continue à travers la chaîne des êtres.

⚜

En désespoir de cause, les partisans de la génération spontanée, contraints d'abandonner leurs retranchements, se placèrent
sur un autre terrain, et, forcés de renoncer à l'hypothèse de la
naissance fortuite des êtres vivants, ils admirent la génération
spontanée des œufs ou des germes. L'observation, le raisonne-

ment, l'expérience, tout concourait à rendre plus inadmissible encore cette dernière supposition.

L'observation nous montre que tout germe, tout œuf, loin d'être le résultat fortuit d'une association d'éléments miné-raux, analogue à une combinaison chimique, est au contraire un foyer d'activité qui attire à lui les corps environnants, leur imprime des mouvements, détermine des combinaisons ou des dissociations, en un mot les gouverne en vertu de lois dont il est le dépositaire. Il attire, il saisit, il entraîne la matière inerte, s'assimile certains corps, rejette les autres, puis élimine ce qu'il s'est approprié et recommence incessamment ce travail dont le résultat final est la transformation de l'œuf et le déve-loppement de l'être. C'est cet ensemble d'actes divers associés pour une fin déterminée qui arrache à M. Paul Bert ces pa-roles : « Quoi qu'on fasse, dit-il, l'idée d'un principe coordi-nateur et directeur s'impose à l'esprit. » Nous sommes loin de la combinaison chimique.

⊅⊄

On ne saurait davantage voir quelque chose d'analogue à la vie dans certains phénomènes dont les cristaux sont le siège. Si l'on prend un fragment de sucre cristallisé dont on brise un angle que l'on détache, et qu'on le plonge ainsi tronqué dans de l'eau sucrée, le cristal se répare, se complète, se cica-trise pour ainsi dire, au moyen des molécules de sucre qu'il puise dans le liquide. Un cristal d'alun tronqué se répare de même dans une dissolution d'alun; de même un cristal de sel dans l'eau salée. Chaque cristal attire les corpuscules cristal-lins disséminés dans la dissolution. Ceux-ci viennent s'adapter comme des pierres toutes taillées et prêtes pour la réparation ou l'achèvement de la construction. Il y a simple juxtaposition d'éléments semblables.

Quelle différence profonde entre ce phénomène et ce qui se

passe chez les êtres vivants dans des circonstances analogues !
La séparation complète est en général impossible et, lorsqu'elle
a lieu ou lorsque la cicatrisation d'une plaie s'opère, le travail
de reconstitution se fait à l'intérieur du corps vivant; les matériaux viennent du dehors, mais ils doivent être combinés de
diverses manières afin de produire les éléments de nature différente qui composent les corps vivants. Le minéral est homogène, toutes ses parties, jusqu'aux plus ténues, sont identiques,
tandis que les vaisseaux, les nerfs, les muscles, les os sont
essentiellement différents et exigent pour leur entretien ou les
réparations dont ils sont l'objet une préparation suivie de l'as-
similation.

L'être vivant se régénère et rétablit le jeu de ses organes
ralenti ou enrayé par la maladie. Un instant affaibli, on le voit
bientôt reprendre des forces; atteint par le mal, tous ses
efforts tendent à éliminer la cause du mal; quelquefois même,
il agit plus efficacement tout seul qu'à l'aide des auxiliaires
qu'on lui donne sous le nom de remèdes. Il renaît de lui-
même : la même cause qui l'entretient, le répare; la vie, pour
tout dire en un mot, le rétablit dans son intégrité, lorsqu'elle a
vaincu la cause morbide. Est-il rien de semblable ou d'analogue dans la matière inanimée?

❧❦

Ce travail si visible chez l'être vivant tout formé, parvenu au
terme de ses transformations, est bien plus évident dans l'œuf
où l'être n'existe pas encore, où l'on ne peut apercevoir le jeu
d'organes qui ne sont pas nés, ni le travail exécuté par une
machine qui n'est pas encore construite. On assiste à la création de la machine elle-même, et quelle machine! Quelle mul-
tiplicité d'organes! Quelle complexité dans le travail!

La génération de l'œuf ou du germe est moins admissible
encore, s'il est possible, que celle de l'être vivant, parce que

l'être vivant y.est compris implicitement. « On ne saurait comprendre aujourd'hui, dit Claude Bernard, la création d'emblée et spontanée d'un œuf ou d'un élément organisé qui aurait une évolution ou une hérédité sans ancêtres. La formation directe d'un être vivant au moyen de la matière inorganique, si elle pouvait être réalisée, constituerait la vraie génération spontanée; mais elle supposerait la connaissance du principe ou de la cause première de l'évolution vitale. »

L'expérience, pas plus que le raisonnement et l'observation, n'est favorable à l'hypothèse de la génération spontanée. Or, dans ces questions, c'est l'expérience seule qui permet de décider. Il importe peu que l'on croie ou non; on doit prouver ce que l'on croit ou plutôt on ne doit le croire que parce qu'on l'a prouvé. C'est affaire de science et non de foi, de fait et non de sentiment. Les expériences déjà faites par M. Pasteur, dont personne ne récuse l'habileté et le savoir, ont été reproduites par des savants distingués (Tyndall, Bastian) dont quelques-uns, d'abord adversaires de l'éminent savant, sont bientôt devenus ses alliés. Toutes les fois que la lutte a été reprise, un grand bruit s'est fait; il semblait que tout fût remis en question, mais tout à coup le bruit s'éteint, une nouvelle expérience de M. Pasteur a confirmé les précédentes. Jusqu'ici les expériences de M. Pasteur sont inattaquables, et l'hypothèse de la génération spontanée ne s'est pas relevée des derniers coups qui l'ont frappée. C'est l'expérience qui l'a tuée. On peut proclamer désormais que, directement ou indirectement,

TOUT ÊTRE VIVANT VIENT D'UN ÊTRE VIVANT SEMBLABLE.

FIN

TABLE DES GRAVURES

FIN DE LA TABLE DES GRAVURES

TABLE DES MATIÈRES

I. — L'ORIGINE DES ANIMAUX

II. — L'ORIGINE DES VÉGÉTAUX

FIN DE LA TABLE DES MATIÈRES.

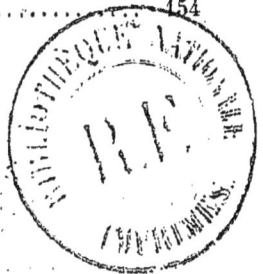

PARIS. — IMPRIMERIE ÉMILE MARTINET, RUE MIGNON, 2.

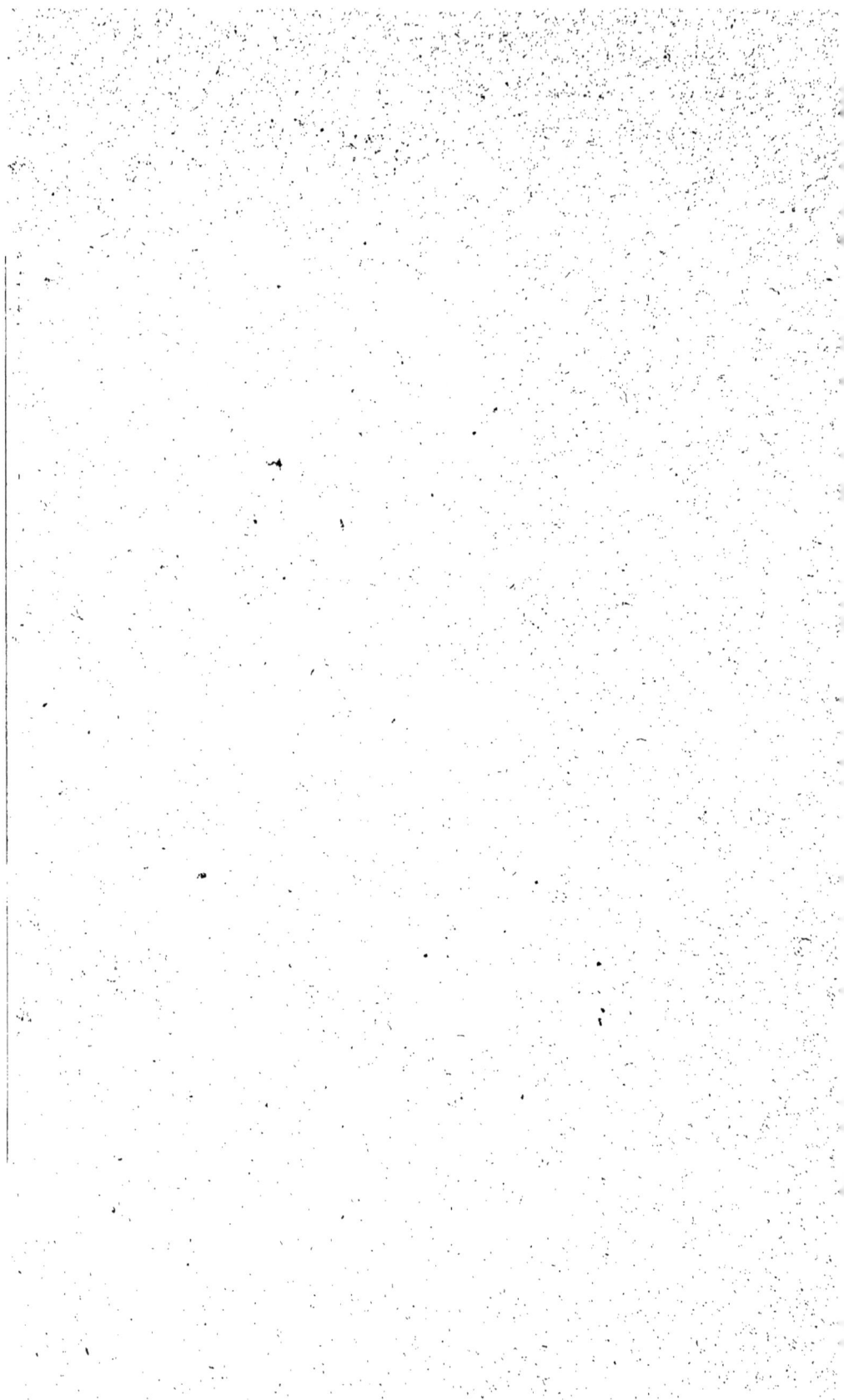

Notions élémentaires d'anatomie et de physiologie... ... appliquées à l'étude de la *gymnastique*, à l'usage des aspirants et des aspirantes au certificat pour l'enseignement de la gymnastique et au brevet de premier... docteur C. VANGEODER, médecin inspecteur des écoles de la ville de Paris... d'anatomie au certificat pour l'enseignement de la gymnastique... etc., etc., avec de nombreuses gravures dans le texte...

Cet ouvrage répond à un besoin qui a été souvent manifesté à l'auteur par les aspirants et les aspirantes au brevet de capacité pour l'enseignement de la gymnastique et à celui de premier ordre, où la gymnastique est obligatoire depuis les derniers programmes. L'auteur s'est attaché à réduire l'anatomie et la physiologie humaines aux notions indispensables à tout professeur de gymnastique. Le lecteur pourra s'assurer qu'on n'a cherché en rien à charger son esprit de questions étrangères au but proposé. Ce travail peut être regardé comme une introduction aux nombreux traités de gymnastique publiés jusqu'à ce jour. *Il est rédigé suivant l'arrêté ministériel du 10 juin 1879.*

Cours de pédagogie, à l'usage de l'enseignement primaire, *rédigé conformément au programme officiel*, par P. VINCENT, ancien élève de l'École normale de Poitiers, ancien instituteur public, inspecteur de l'instruction primaire de la Seine, officier de l'instruction publique. 1 vol. in 12, cart. 3 fr. 20
— Le même, br. 2 fr. 75.

Ce livre est le résumé de toutes les idées qui ont paru saines, et le grand mérite de l'auteur est de les avoir réunies en un tout homogène en les rapportant à un principe fixe, la liberté de l'homme. Ces idées, recueillies un peu partout, sont rangées dans l'ordre indiqué par le programme officiel, que l'auteur a scrupuleusement suivi article par article.
Ce premier volume correspond aux deux premières années du cours de pédagogie des écoles normales primaires. Pour y faire entrer l'histoire de la pédagogie et une suffisante étude de l'administration scolaire, il eût fallu le grossir outre mesure ou restreindre par trop chaque partie du programme.
Le deuxième volume, *Histoire de la Pédagogie. Administration scolaire* est en préparation.

Zigzags à travers les choses usuelles, livre de lecture courante, à l'usage des classes élémentaires des Lycées et Collèges et de l'enseignement primaire, par G. RENARD, ancien élève de l'École normale supérieure, professeur à l'école Monge, et MARTINE, ancien élève de l'École normale supérieure, professeur agrégé d'histoire au lycée Fontanes et à l'École normale supérieure d'institutrices, contenant de *nombreuses gravures dans le texte*, des. *lexiques*, des *questionnaires* et des *exercices*. 1 v. in-12, cart. 1 fr. 50

Un livre comme celui-ci ne peut avoir la prétention de tout dire. Il doit laisser une large part à l'initiative du maître et même de l'élève. Il a pour but, en effet, non seulement de donner à l'enfant des notions exactes sur les choses qui l'entourent, mais aussi et surtout de lui *apprendre à apprendre*.
Il contient des modèles de leçons dont l'instituteur pourra s'inspirer; il indique par des exemples comment l'on peut varier les méthodes d'exposition; il dégage de tout ce qu'il comporte un enseignement moral, simple, sérieux et indépendant; par des questionnaires, il oblige l'enfant à réfléchir et à observer; il lui fournit enfin, dans un lexique très court, l'explication des mots difficiles qui se rencontrent au cours de l'ouvrage.

Spécimens de choses usuelles, *pour servir à la formation de Musées scolaires.*
350 échantillons renfermés dans un meuble élégant, comprenant six divisions : 1° Vêtement; — 2° Éclairage et Chauffage; — 3° Alimentation; — 4° Matériaux de construction; — 5° Industries métallurgiques; — 6° Industries non métallurgiques. PRIX : 125 fr.

Ce meuble, fermant à cadenas, forme pupitre pour la leçon et est accompagné d'un guide. Les échantillons sont suffisamment gros pour que les enfants puissent bien reconnaître les substances mises sous leurs yeux et entre leurs mains, et sont classés dans un ordre qui leur permet d'embrasser d'un coup d'œil les usages et les transformations.
Chaque groupe, dans une boîte fermant à crochet. Prix : 18 fr.
Emballage et port en sus.

Instruction morale et civique — (*L'homme le citoyen*). Ouvrage rédigé conformément au programme officiel, par J. STEEG, député de la Gironde, avec des *gravures intercalées* dans le texte, des questionnaires, des exercices. 1 vol. in-12, cart. 1 25

Il n'y a pas d'enseignement plus sérieux et plus important que celui-là. Déposer dans les âmes des enfants les germes d'une morale sûre et sévère, laisser dans leur esprit des idées justes, nettes, qui puissent résister plus tard à tous les sophismes et se justifier devant la conscience, à mesure que la vie les éclairera, leur faire connaître, à côté des devoirs de l'homme, ceux du citoyen, leur apprendre à aimer la patrie, la République, à apprécier sainement nos institutions, de façon à faire, des écoliers d'aujourd'hui, les électeurs intelligents et sages de demain : cette tâche est difficile, mais nécessaire, il est bon de l'essayer.
Dans l'exécution, l'auteur a suivi le *Programme des écoles normales*, de sorte que les maîtres auront plus de facilité à enseigner à leurs élèves ces matières nouvelles et difficiles, à peu près dans l'ordre même où ils les auront entendues et étudiées.

PARIS. — IMPRIMERIE ÉMILE MARTINET, RUE MIGNON, 2.

www.ingramcontent.com/pod-product-compliance
Lightning Source LLC
Chambersburg PA
CBHW050111210326
41519CB00015BA/3919